KB260129

뇌력개발 100%
디지털 속음청

국립중앙도서관 출판시도서목록(CIP)

뇌력개발 100% 디지털 속음청 / 키쿠치 아키오 지음 ; 가나이
노부요시 옮김. -- 파주 : 서울출판미디어, 2006
    p. ;   cm

원서명: ケタ違いの「腦力開發」デヅタル速音聽

ISBN   89-7308-137-3 13420

517.34-KDC4
616.89-DDC21   CIP2006000263

뇌력개발 100%
디지털 속음청

키쿠치 아키오(菊池昭雄) 지음 / 가나이 노부요시(金居修省) 옮김

서울출판미디어

ケタ違いの「脳力開發」デヅタル速音聽
by 菊池昭雄

♋ **한국어판 출판에 즈음하여**

21세기에 접어들어 일본에서는 더욱 더 "소리"에 의한 뇌력(腦力)의 개발이 활발하게 이루어지고 있습니다. 특히 속음(速音)화한 음성을 듣는 것을 통해 뇌력을 개발하려는 흐름이 형성되어 가고 있습니다.

그러한 가운데 이 책은 속음뿐만 아니라 종합적인 "소리(音)"에 의한 뇌력개발의 방법을 소개한 것입니다. 이 책에 소개한 방법을 통해서 이미 많은 사람들에게 엄청난 효과가 일어나고 있습니다.

이번에 친구인 가나이(金居修省)씨 덕분에 본인의 책이 한국어로 번역되어 출판하게 된 것은 뜻밖의 기쁨이며, 출판에 이르는 데 도와주신 많은 분에게 깊게 감사의 말씀을 드리는 바입니다.

이 책을 통해 한국 내에서도 올바른 "소리"에 의한 뇌력개발을 이루어 본인이 제창하는 글로벌인 성공(천성발현 天性發現, 천직완수(天職完遂), 천명성취(天命成就))이 실현되시길 기원합니다.

키쿠치 아키오(菊池昭雄)

📖 차례

03 디지속으로 다시 한 번 태어날 수 있다 75

04 자연음이 인간의 뇌력과 감성을 풍부하게 한다 101

♋ **프롤로그**

경이로운 EQ · IQ효과

여러분은 '디지속'이라고 하는 말을 들어본 적이 있습니까? 디지속은 제가 오랜 세월의 연구 끝에 완성한 "궁극의 뇌력(腦力) 개발법"입니다.

'디지속'의 정식 명칭은 '디지털 속음청(速音聽)'이라고 합니다. 이 이름만으로도 이해하실 수 있을 것으로 생각합니다만, 디지털 기술에 의해 스피드를 올린 소리(속음:速音)를 들을 수 있도록 만든 컴퓨터 소프트웨어를 사용하여 청각으로부터 뇌를 자극함으로써 뇌 전체의 파워 업을 도모하는 것입니다.

지금까지의 속음을 이용한 학습법과의 큰 차이는 카세트테이프를 사용하던 종래 방식을 PC기술에 의해 정밀도를 고도로 향상시켰다는 점에 있습니다. PC에 의한 속음청은 0.1배 단위로 자유롭게 재생음의 스피드를 조절할 수 있어 각자의 능력에 맞추어, 뇌력을 향상시킬 수 있게 되었습니다.

또 한 가지, 디지속의 최대 특징은 가능한 한 자연 그 자체에 가까운 소리를 배경으로 흐르게 하는 데 성공하였고, 배경에 흐르는 자연음의 파워를 최대한으로 활용하면서 뇌력 향상을 즐길 수 있다는 것입니다(특허 신청중).

원리는 매우 간단합니다만, 그 효과는 학력 향상은 말할 것도 없고 개발자의 저 자신조차 놀라울 정도로 다방면에 걸쳐 나타나고 있습니다. 디지속은 그것을 이용하는 사람의 생활을 바꾸게 하여 인생까지도 변화시켜 버릴 정도의 위력을 가지고 있습니다.

자연음을 채용함으로써 자연의 감성을 키우는 '디지속 이론'을 실현했기 때문에, 인간이 가지는 뇌력을 지금까지 이상으로 끌어내어 엄청난 효과를 올릴 수 있게 되었습니다.

본문 안에서 자세하게 설명하겠습니다만, 디지속에는 다음과 같은 10대 효과가 있습니다. 이것은 사용자의 체험에 근거하여, 현실적인 결과를 체계적으로 정리한 것이며 이미 실증된 효과들입니다.

【 EQ(마음의 지능지수)적인 3대 효과 】

① 마음의 지능지수의 향상(인간성의 향상, 감수성의 향상, 감동하는 마음의 성장)
② 삶에 대한 도전정신의 고양(천성의 각성에 의한 천명의 자각)
③ 학습 의욕의 증가

【IQ(지능지수)적인 7대 효과】

④ 집중력(集中力) – 중심 뇌력(腦力) 향상
⑤ 창조력(創造力) ⑥기억력(記憶力) – 상하 전개 뇌력(腦力) 향상
⑦ 선견력(先見力) ⑧판단력(判斷力) – 전후 전개 뇌력(腦力) 향상
⑨ 관찰력(觀察力) ⑩인식력(認識力) – 좌우 전개 뇌력(腦力) 향상

학습 능력을 높이고
잠재 능력을 각성시키는 '디지속'

이 디지속 개발의 목적은 인간의 대뇌를 경이적으로 활성화시켜 학습 능력을 높여 청력(聽力), 이해력, 독해력을 향상시키는 것과 동시에, 인간이 본래 가지고 있는 잠재능력을 각성시켜 인류의 문화적 발전에 유용하게 쓰는 것에 있습니다.

그것이 한 장의 CD·ROM(디지털속음청 소프트)이라는 형태로 완성되었습니다. 이것을 PC에 인스톨하여, 보통 말하는 스피드의 10배까지의 속음으로 다양한 컨텐츠를 듣는 것으로, 믿을 수 없을 정도의 EQ·IQ적 효과가 초래됩니다.

그럼, 이 디지털속음청에 의한 효과는 구체적으로 어떻게 나타나고 있을까요? 코베(神戶)의 학원 '구라쿠엔 가쿠슈쥬쿠(苦樂園學習塾)'에서는 독서 시간을 마련해, 녹음된 책을 선택하게 해 그

책의 디지속을 듣게 하면서 책을 읽게 하고 있습니다. 이와 같이 디지속을 듣게 하면서, 책을 눈으로 쫓는 것을 '속음청독 (速音聽讀)'이라고 부릅니다. 이 학원에서는 디지속 도입 후 3개월이 경과한 시점에서, 설문조사를 실시했습니다.

설문조사 결과에 쓰인 감상문의 일부를 소개해 봅니다.

■■ 지금까지 책을 읽는 것을 그다지 좋아하지 않았는데, 속음청독을 시작하고 나서 이전보다 책을 좋아하게 되었으므로 잘 되었다고 생각했습니다(중학교 3학년).

■■ 보통 방법으로 독서하는 것보다, 듣고 눈으로 읽는 편이 지치지 않고, 빠르게 읽을 수 있어서 절대로(의 제곱×100) 이쪽 시스템이 좋다! 게다가 빠르게 들으므로 영어 독해에도 잘하게 된다(초등학교6학년).

■■ 머리가 일시적으로 편하게 되어, 지식이 증가했다(중학교 3학년).

■■ 듣는 레벨이 올랐다(중학교 2학년).

■■ 친구와의 이야기나 선생님의 이야기를 잘 들을 수 있게 되어, 공부의 진도가 1.3배 정도 오른 것 같은 생각이 든다(중학교 1학년).

■■ 기억력이 올라간 것 같은 생각이 든다(중학교 2학년).

■■ 집중력이 향상되었다. 확실히 공부에 집중할 수 있게 되었다(중학교 1학년).

■■ 책을 읽을 때, 문자를 빨리 읽을 수 있게 되었다. 주변의 소리를 천천히 알아들 수 있게 되었다. 왠지 시험 시간이라도 편하게 할 수 있게 되었다(중학교 1학년).

■■ 매우 재미있다고 생각한다(중학교 2학년).

■■ 시험 성적도 그렇고, 머리 회전이 빨라졌다(중학교 2학년).

■■ 학교 수업 중, 특히 영어가 알아듣기 쉬워졌다고 생각한다. 책은 스스로 읽을 기회가 적었지만, 도움이 되기 때문에 계속해서 해 주셨으면 좋겠다(중학교 2학년).

■■ 책을 좋아하게 되었다(중학교 2학년).

■■ 이따금, 네 배속으로 듣고 있어도 느리게 느껴진다. 듣고 있으면 편안한 기분이 됩니다(중학교 2학년).

■■ 네 배속보다 좀 더 빠르게 해 주었으면 한다. 왜냐하면 네 배속은 조금 느리게 느껴지기 때문에(중학교 1학년).

■■ 디지털 속음청을 들은 후의 수업에서는 상당히 집중할 수 있다. 머리의 회전이 빨라진다. 문제가 쉽게 풀어진다(중학교 1학년).

'디지속' 효과는 단기간에, 연령에 관계없이 나타난다

'디지속' 사용으로 아이들에게 위와 같은 변화가 일어난 것은 놀랄 만한 것은 아닐까요? 게다가 이것은 가정이 아닌 학원에서 사용했던 것으로, 종합한 시간으로는 겨우 20시간 정도밖에 되지 않습니다.

책을 빨리 읽을 수 있고 이해력이나 기억력이 늘어나는 등 뇌력면의 변화도 큽니다만 그 이상으로 긍정적이고 명랑하고 적극적인 자세로 변화하고 있는 것도(실은 이 분야가 중요합니다) 주목할 만한 부분입니다.

'디지속'의 이러한 효과나 변화는 기본적으로 연령에 관계없이 나타나고 있습니다. 예를 들면, 어느 고령자가 정년퇴직 후에 꿈을 실현시키기 위해 국가자격증 조리사 면허의 공부를 '디지속'으로 시작했습니다. 본인에 의하면 그때까지 거의 머리를 사용하는 일이 없었기 때문에, 기억력이 자꾸자꾸 떨어져 일상생활에서도 건망증이 심했는데, '디지속'을 사용해 보니 공부가 진전되어, 시험에 자신감이 생겼다고 기뻐하셨습니다.

지금까지 몇천 명이 '디지속'을 사용한 결과, 일반적으로는 다음과 같은 효과가 있는 것으로 밝혀졌습니다.

나날의 생활 매일 아침, 21분 정도 속음청을 듣는 것으로 머리가 맑아지고 하루를 시작하려는 마음이 생깁니다. 배속으로 들으면 많은 것을 단시간에 배울 수 있기 때문에 하지 못했던 일들을 완수할 수 있지 않을까 하는 기분이 우러나 매일 의욕적으로 즐겁게 보낼 수 있게 되었습니다.

직장생활 기획력과 설득력이 생겨서 업무에 자신이 생겼습니다.

가족생활 소리 생활의 중요함을 알게 되어, 부부의 대화, 부모와 자식간의 대화를 중요시하게 되었습니다. 지금까지 사용해 왔던 말을 자연스럽게 다시 생각해 보고, 즐거운 음악을 연주하는 것 같은 대화가 되어 부부사이가 좋아지고, 자녀들은 건강하게 자라기 시작했습니다.

학습 · 취미 하고 싶었던 것을 단기간에 학습할 수 있게 되므로, 성적 향상이나 입시에 도움이 되고, 취미의 기술 레벨도 향상되었습니다.

건강 음악의 중요성을 알게 되어 여러 가지 음악을 듣게 되었고, 하나 하나의 세포에 소리의 리듬이 스며드는 것 같은 기분이 들어 자연스럽게 몸을 움직이고 싶어지는 등 건강을 되찾았습니다.

뇌력 잠재 능력의 각성, 및 대뇌의 재생에 효과를 발휘.

한편, 이용자에 따라서 다음과 같은 감상도 전해지고 있습니다.

소리가 이렇게 훌륭하다 소리가 이렇게 훌륭하게 인생을 바꿀 정도의 힘이 있다고는 생각하지 않았습니다. 우리는 자연의 소리, 훌륭한 소리를 듣는 것을 잊어버리고 있었던 것 같습니다.

앞을 내다볼 수 있다 디지털속음청을 하기 시작하고 나서 한걸음

앞을 볼 수 있게 된 것 같습니다. 그다지 움직이지 않던 뇌가 활성화된 것 같습니다.

인생을 되찾은 느낌이다 배속으로 들을 수 있으므로, 젊었을 때 하고 싶던 일을 빠른 시간에 학습할 수 있게 되어 잃어버린 인생을 되찾을 수 있는 큰 희망을 받았습니다.

영어에 생리적으로 반응한다 어학은 여섯 살까지 학습하지 않으면 생리적으로 받아들일 수 없게 되어, 몸에 익히는 데 상당한 노력을 하지 않으면 잠재 의식에 들어가지 않는다고 말합니다만, 디지털속음청으로 배워 가면서 어학이 잠재 의식에 들어오는 것 같아 생리적으로 언어에 반응하도록 되어 있는 것처럼 느낍니다.

입시에 도움이 되었다 고등학교 입시 공부에 디지속을 사용했습니다. 역사 교과서는 스스로 녹음하고, 영어는 교과서의 CD를 PC에 받아서 몇 번이나 들었습니다. 입시 한 달 전에는 두·세 배속 정도로 들으면 잘 이해되는 느낌이 들었습니다.
고장의 명문 고등학교에 대한 입시 도전은 주변에서는 아슬아슬하다고 말했지만 생각했던 것보다 좋은 성적으로 합격할 수 있었고, 그 이유는 약했던 영어와 역사에 대해 별로 불안함도 없이 시험에 임할 수 있었기 때문이라고 생각합니다.

생활 습관이 바뀌었다 소리의 리듬감으로 생활을 하게 되었다.

지금까지는 좋은 소리를 듣지 못했지만, 이제는 세포 안에 소리가 스며들어 오는 것을 느끼고 있습니다. 좋은 소리를 들어 리듬감이 있는 생활이 자연스럽게 보낼 수 있게 되었습니다.

IQ향상은 말할 것도 없고 현저한 EQ향상이……

제가 '디지속' 사용을 권장하고 싶은 것은, 단순한 암기나 학습법의 효율화가 목적이 아닙니다. 디지속이 IQ(지능지수)를 높이는 것은 사실입니다만, 그 이상으로 마음에게 주는 영향, 즉 EQ(마음의 지능지수)의 향상이 현저합니다.

그 때문에 생활이나 인생을 보다 풍요롭게 하기 위한 '디지속'의 활용법이 고안된 것입니다. 거기서 태어난 것이 '디지속문화'이고, 이 디지속문화의 추진이 그 목적입니다. 디지속문화라는 것은 디지털의 최신 기술을 사용하여, 자연의 소리를 가능한 한 생활 속에 도입하는 기술 전반의 활용을 말합니다. 그것을 토대로 IQ, EQ 양쪽의 뇌력을 발휘해 나갈 것입니다. 지속적인 고속 학습의 실현으로, 생활 자체가 새롭게 바뀝니다.

'디지속'이 지금까지의 능력개발 상품과 다른 점은 '마음의 감성은 소리의 품질, 말에 담겨진 얼에 의해 자란다'고 하는 기초원리에 입각해서 생활에 밀착된 소리의 품질을 향상시키면서, 생애에 걸친 뇌력발휘를 목표로 하고 있다는 점입니다.

왜 디지털 기술이 필요한가 하면 자연음을 생활 속에 도입하기 위해서입니다. 그것은 자연음이 인간의 감성을 풍부하게 하여 속음청효과를 비약적으로 높여 주기 때문입니다.

그러나 파도 소리가 아무리 좋다고 해도 바다 소리는 해안으로부터 100미터 정도 이내에 있는 사람에게만 들립니다. 도시에 사는 사람들에게도 디지털 기술로 바다의 소리를 들려 줄 필요가 있습니다. 디지털 기술은 가능한 한 자연상태에 가까운 소리를 전하기 위한 도구인 것입니다. 속음의 배경으로 자연음을 도입함으로써 디지속의 효과는 결정적인 것이 되었다고도 말할 수 있습니다.

이 책은 전체적으로 아홉 장으로 구성되어 있습니다.

우선 제1장에서는 '디지속'으로 기적적으로 뇌력이 개발된 사람들의 체험담을 소개합니다. 이어서 제2장에서는 '디지속'과 끊을래야 끊을 수 없는 관계에 있는 '소리의 중요성'에 대해서 알기 쉽게 해설했습니다.

또, 제3장, 제4장, 제5장에서는 '디지속'의 중요한 구성요소를, 제6장, 제7장, 제8장은 '디지속'의 3대 활용법을, 그리고 제9장에서는 '디지속'을 보다 효과적으로 활용하기 위해 '디지속 라이프의 권장'을 각각 제안했습니다.

그럼 먼저 '디지속'에 의해 뇌력이 크게 향상된 사람들의 이야기를 소개하겠습니다.

 디지속으로 뇌력이 향상되어
오랜 꿈이 실현되다

7분으로 실감할 수 있는 뇌력 향상

최근에 50대의 여성 고객으로부터 받은 메일입니다. '디지속'으로 뇌력이 대폭으로 향상되었다고 하는 기쁜 소식이어서 장의 맨 처음에 우선 소개하려고 합니다.

'가능한 한 매일, 프로그램을 소화하려고 노력해서, 거의 한 달 지났을 무렵부터 조금씩 나 자신의 페이스라든지 즐기는 방법을 알게 되었습니다. 그것과 동시에 조금씩이지만, 마음속 깊숙한 곳으로터 변화를 느끼게 되어, 좀더 노력하자는 마음입니다. 시작 무렵의 한 달 기록은 그다지 상세하게 쓰지 않았습니다만 듣는 뇌력이 향상된 것은 확실합니다.

처음에 들었을 때는 3.5배속은 이것이 제대로 된 말인가 의심했을 정도로 알아듣지 못했습니다. 시작한 지 약 한달 반 정도가 지나간 요즘은 글을 보면서 하는 속음청독이라면 3.5배 속도 100% 알아들 수 있습니다. 글을 보지 않아도 90% 정도는 캐치할 수 있습니다. (중략) 가능한 한 매일, 21분간 듣도록 하여, 그 속에 영어 교재를 끼워 넣었습니다. 그 때문인지 일을 하면서 흘려오는 TV의 영어가 무의식 속에서 일본어처럼 자연스럽게 머릿속에 들어와 깜짝 놀랐습니다.

또, 지금까지 마음은 있어도 시간을 만들 수 없다든가 여러 가지 자기자신에 대해서 변명하고 있던 것이 많았습니다만, 최근, 무리없이 좋아하는 영어 공부에 적극적으로 시간을 할애 하고 있는 내 자신의 모습에 기쁘게 생각하고 있습니다.'

프롤로그에서도 말했듯이 '디지속'은 컴퓨터 소프트웨어이므로 0.1배속 단위의 스피드 설정이 가능합니다. 이 분이 실행하고 있는 프로그램은 21분을 한 사이클로 1배속으로부터 시작하여 1.7배속, 2.7배속에서 3.5배속이 되어, 그곳에서부터 2.7배속, 1.7배속, 1배 속으로 돌아가는 '표준 프로그램'입니다. 즉 1배속으로부터 출발 하여 3.5배속을 정점으로 한 산형의 스피드 커브를 그릴 수 있는 속도 구성으로 되어 있습니다.

실제로 들으시면 잘 알 수 있습니다만, 2.7배속 정도까지는 어떻게든 따라갈 수 있습니다. 그러나 3.5배속이 되면 무슨 말을 하고 있는지, 우선 알아듣지 못합니다. 그런데 이것을 스피드를 다운해 나가면, 2.7배속이 그리 빠르지는 않고, 1.7배속은 최초의 1배속과 같은 정도로 들립니다. 그리고 1배속으로 돌아가면 '왜 이렇게 늦은가?'라고, 답답하게 느낄 정도로 천천히 들리게 됩니다.

이것이 영어라면 최초의 1배속으로 무슨 말을 하고 있는지 몰랐다면 물론 1.7배속, 2.7배속으로는 더욱더 알지 못하고, 3.5배속으로는 이것이 말인지조차 모르게 됩니다. 그러나 2.7배속에서 1.7배속으로 돌아오면, 단어가 왠지 알아들을 수 있게 됩니다. 그리고 1배속이 되면 의미는 몰라도 발음이 천천히 명료하게 들리게 됩니다.

실은 이것은 21분의 1/3인 7분 사이클의 프로그램에서도 같은 경험을 할 수 있습니다. 즉 디지속으로는 7분으로 뇌력 향상을 실감할 수 있습니다. 물론 이것은 일시적인 것입니다만, 이것을 반복하는 동안에 3.5배속 이상의 초속(超速)으로, 일본어나 영어를 완벽하게 알아들 수 있게 됩니다.

위에서 소개한 여성의 경우, 솔직하게 말하자면 특별히 달성 속도가 빠른 편은 아닙니다. 그렇다 하더라도 하루에 불과 21분간, 디지속을 듣고 있는 것만으로도 한달 반 후에는 3.5배속의 일본어를 알아들을 수 있게 될 뿐만이 아니라, 통상 스피드의 영어까지 '자연스럽게 머릿속에 들어오는' 수준까지 되어 놀랄 만한 뇌력 향상이라고 말하지 않을 수 없습니다.

일본어든지 영어든지 초스피드의 말을 알아들을 수 있게 된다는

것이 가장 알기 쉬운 현저한 '디지속효과'인 것입니다.

이러한 디지속 효과의 달성 스피드는 역시 뇌가 유연한 상태에 있는 젊은 사람일수록 효과가 빨리 나타납니다. 일반적으로 50대보다는 30대가, 20대보다는, 고교생·중학생 쪽이, 또한 초등학생이나 취학 전의 아이들 쪽이, 곧바로 속음을 알아들을 수 있게 됩니다.

물론 많은 사람 중에는 50대가 대학생보다 빨리 그 뇌력을 몸에 익히는 사람도 있고, 70대, 80대에서도 결코 늦지는 않습니다. 컴퓨터 등 사용한 경험도 없는 60대의 여성이, 컴퓨터를 구입하면서까지 디지속을 하고 있는 것은 놀랍기도 합니다.

풍부한 감성을 깨닫고
인생이 즐겁게 된다

'디지속'에서는 그 효과를 보다 순조롭게 체득하기 위해, 학습 프로그램을 마련하고 있습니다. 그 제1단계가 하루 21분에 40일간의 '이론편', 제2단계는 '기초편', 제3단계가 '응용편'으로 되어 있습니다.

여기서 소개하는 '이론편' 40일간의 보고는 '디지속'을 통해, 풍부한 감성과 잠재 뇌력이 각성하여, 마음이 즐겁게 뛰고 있다는 디지속 효과의 전형적인 사례입니다.

[음악＋디지속]을 하지 않는 날이 계속되면 정신적 활성도가 저하되는 것처럼 느껴집니다. 일이 그리 바쁘지 않을 때에 무기력 상태가 되어 일에 집중이 잘 되지 않는 적이 많았습니다만 [음악＋디지속]으로 그 상황이 어느 정도 개선되는 것 같습니다. 디지속을 시작하기 전과 비교해서 진보했다고 느껴진 것은 다음과 같습니다.

- 마음에 여유가 생겨 초조해지지 않게 되었다.
- 수면 시간이 짧아졌다.
- 잊어버리고 있던 것이 문득 생각 나는 경우가 많아졌다.
- 독서량이 증가했다.

디지속 효과로서 소개되는 자연에 대한 감수성에 관해서는 본인은 원래 등산을 좋아하는 편이라서 남보다 강하다고 생각합니다만, 최근 자연을 접할 기회가 그리 많지 않기 때문에 개선되었는지 어떤지, 뭐라고 말할 수 없습니다.

독서량의 증가에 따라 속음청뿐만 아니라 속독도 마스터하고 싶어졌습니다. 속독은 이전에 어느 PC소프트웨어로 훈련한 적이 있습니다만, 적성이 없는 탓인지 끈기가 없는 탓인지, 효과가 나타나기 전에 좌절하고 말았고 그대로 방치되어 있었습니다.

그러나 아무리 생각해도 속독은 마스터해 두어야 한다고 생각하기 때문에, 또 다시 도전하려고 생각하고 있습니다. [속음청＋속독]으로 새로운 단계에 들어갈 수 있으면 좋겠습니다.

1일째 2.7배를 들으면 몹시 기분이 좋습니다. 머리가 맑아진 후에 텔레비전으로부터 흘러 나오는 클래식 음악이 평소보다 신선하게 들렸습니다.

4일째 아침에 들으면 머리가 맑아집니다. 하루를 건강하고 기분 좋게 보낼 수 있습니다. 오늘은 3.5배가 잘 들려서 기뻤습니다.

6일째 아침부터 머리가 맑습니다. 3.5배는 변함 없이, 알아들 수 있는 곳과 알아듣지 못하는 곳이 있습니다.

7일째 초조해지는 경우가 적어진 것 같은 느낌이 듭니다.

8일째   오늘은 3.5배를 잘 알아들을 수 있었습니다. 다른 속도가 느리게 느껴져서 재미 있습니다. 변함 없이 수면 부족에도 불구하고 머리는 맑습니다.

9일째   오랜만에 밤에 들었더니 분위기가 달라 재미 있습니다.

12일째   직장 일을 할 경우에 이전보다 한 번에 많은 일을 할 수 있게 되었습니다. 특히 다음에 하려고 생각해 놓고 잊어버리고 있던 것이 자주 생각 나게 되었습니다.

14일째   영어의 의미는 모릅니다만, 영어를 디지속으로 듣는 것도 즐겁다고 생각했습니다.

15일째   매일 아침, 배경음악의 시냇물소리를 들으면 매우 안정 됩니다. 아침에 초조한 마음이 없어졌습니다. 매일 아침, 즐겁습니다.

17일째   아침 바쁠 때는 디지속만을 듣습니다만, 역시 순서로는 먼저 '안정을 위한 음악'을 듣고 그 다음에 '디지속', 그리고 다시 '각성을 위한 음악'을 듣는 패턴이 가장 머리나 마음이 상쾌해지는 것 같습니다.

24일째   독서를 할 때 머리에 들어오는 느낌이 이전과 다릅니다. 어휘가 풍부해진 듯한 생각이 듭니다.

25일째 디지속으로 들은 이야기는 표현은 잘 못합니다만, 뇌의 안쪽까지 전달되는 것아 아닌가 생각됩니다. 이론편 등 꽤 마음에 남아 있습니다.

26일째 3.5배는 지금도 그다지 잘 들리지 않습니다. 이것이 어렵지 않게 들릴 수 있게 된다고 생각하면 매우 즐겁습니다.

27일째 확실히 수면 시간이 이전보다 짧아져도 아무렇지도 않습니다. 피로도 느끼지 않고 오히려 좋은 느낌입니다.

29일째 책을 읽기 시작했습니다. 머리가 고속으로 회전하고 있는 듯한 느낌이었습니다. 독서를 마친 후에도, 그 책의 인상이 잘 남아 있습니다. 말투까지도 기억에 남아 영향을 받아버려서 웃고 말았습니다. 좀 더 많이 읽으면 회화체의 어휘도 증가할 것 같아 즐겁습니다.

32일째 어제는 영화를 보러 갔습니다. 처음부터 눈물이 나왔습니다(웃음). 기분 탓일지도 모릅니다만 이전보다 슬플 때에는 슬프다, 기쁠 때에는 기쁘다는 식으로 감정 표현이 확실해 진 것 같습니다.

36일째 아침 이외에도 낙담한 기분일 때나, 싫은 일이 있었을 때에는 태아(胎兒)음을 들어 보려고 생각하고 있습니다. 안정되는 것 같은 생각이 듭니다.

38일째 이제 다음의 단계에 들어가고 싶다고 생각했더니, 벌써 40일째가 다가왔습니다. 빨리 다음 단계인 기초편을 들어보고 싶습니다.

40일째 오늘로 40일간의 이론편이 종료되었습니다. 다음 단계가 매우 기대됩니다.

전체 소감 매일 아침의 디지속으로 하루를 기분 좋게 보낼 수 있었습니다. 감사합니다. 아침에 디지속을 들으면서 거울로 향하는 것이 일과가 되었습니다(항상 화장을 하면서 듣고 있습니다). 회사 근무를 하고 있기 때문에 덕분에 거의 매일 들을 수 있었습니다. 언제나 디지속을 듣는 것이 즐거워졌습니다.

어렸을 때부터 저는 이른바 '공부를 못하는 아이'라고 불리는 것이 콤플렉스였습니다. 그러나 그렇게 태어났으니까 어쩔 수 없다고 생각하고 있었습니다. 하지만 '지금부터라도 늦지 않았다는 생각이 들어, 혹시 저도 무엇인가 할 수 있지 않을까? 생각하게 되었습니다. 그것만으로도 감사합니다. 다음의 40일간도 좀 더 즐겁게 듣고 싶습니다. 변화해 나가는 내 자신이 기대가 됩니다.

오사카 유쥬쿠(優학원)에서 검증된
눈부신 고속 학습 효과

'디지속'을 사용하여 큰 성과를 올리고 있는 곳으로, 현재 주목받고 있는 곳이 오사카(大阪)의 유쥬쿠(優학원)라고 하는 학원입니다. 여기서는 30세트 정도의 헤드폰으로, 국어뿐만 아니라, 과학, 사회 등도 속음청으로 강의 내용을 듣게 하고 있습니다.

이 학원에서는 입학시험을 디지속으로 하고 있습니다. 예를 들면 최근 입학하고 싶어서 찾아온 초등학생 A군의 경우, 학교에서 배운지 얼마 안 된 사회의 역사를 7분간, 텍스트를 보면서 듣게 하고 시험을 보았습니다. 첫 번째 결과는 55문제 중 15문제가 정답으로, 27점이었습니다. 몇 분간 휴식시간을 갖고 재차 7분간 듣게 해서 그 결과 55문제 중 35문제 정답, 64점이 되었습니다.

한자에도 좋은 효과를 볼 수 있어 '南蠻(남만)'을 처음은 한자가 어려워서 '南만'이라고 쓰고 있었는데 두 번째에서는 정확하게 '南蠻'이라고 써, '堺'라고 하는 한자도 올바르게 쓸 수 있었습니다.

놀라운 것은 시간으로 계산하면 불과 10분 사이에 처음에 27점이었던 아이가 64점을 맞았다는 사실입니다. 놀랍게도 정답율이 237%나 올라갔던 것입니다. 만약 55개의 문제에 상당하는 문장을 통상의 방법으로 기억하려면 많은 시간이 걸리겠지요.

A군은 '난생 처음으로 머리를 많이 사용했다'고 말했습니다만, 뇌력은 있는데 사용하지 못하고 있었거나, 혹은 사용할 기회가

주어지지 않았던 것으로 생각됩니다. 이것은 우리 모두에게 말할 수 있는 것입니다만…….

좋은 점수를 딸 수 있는 것이 대단한 것이 아니고, 아이에게도 부모에게도 단시간에 고속 학습할 수 있다는 점이 대단한 것입니다. 아이에게는 고속 학습해서 남은 시간을 친구와 창조적인 놀이에 사용하거나 자연과 접하는 시간으로 활용함으로써 좀 더 풍부한 감성을 가진 어른으로 성장할 수 있지 않을까요?

이 유쥬쿠에서는 처음에 2배속으로 들어서 30% 정도밖에 못했던 아이들이, 3개월 후에는 4배속으로 80%나 알아들을 수 있게 되었습니다. 단순하게 계산하면 (4배/2배) × (80/30) = 약 다섯 배정도 수용력이 늘어났다고 말할 수 있습니다.

아이들의 성적이 단기간에 향상

그렇게 되면 아이들도 공부가 즐겁습니다. 디지속의 효과는 단기간에 나타나기 때문에, 같은 학기 중간시험에서 200점이었던 아이가 350점으로, 250점이었던 아이가 450점이 되었다는 경이적인 결과가 나와 있습니다.

당초, 이 학원에서는 초등학생의 학원생에게 대해서 학교에서 배우는 국어를 중심으로 주 두 번, 디지속을 사용하고 있었습니다. 7분간에 2.5배속에서 3.5배속 사이에서 듣게 하면 두세 번 정도의

학습으로 본문의 이해와 한자의 습득을 할 수 있어 문장형 문제의
정답율이 거의 80~100%가 되었습니다.

당시 학부모들의 보고에 의하면, 학교 간담회에서 담임 선생님
으로부터 '독서가 몰라보게 좋아졌다', '자주 발언하게 되었다',
'수학이나 국어 시험의 평균점수가 꽤 상승했다'는 등, 아이에
따라 평가는 일정하지 않더라도 거의 예외 없이 칭찬을 받았다고
합니다.

따라서 유쥬쿠에서는 중학교의 과학, 사회의 디지속용 오리지널
교재까지 개발해, 본격적으로 디지속을 활용하기 시작했습니다.
그 결과, 중학교 반에서는 1학기 동안 90% 이상의 학생이 평균

30% 성적이 향상되었습니다.

강사들도 상상 이상의 효과에 놀라움을 감출 수 없었습니다. 최고로는 60%의 성적 향상, 이것을 점수로 계산하면 다섯 과목 500점 만점의 정기 시험에서 250점에서 400점으로 향상한 것이 됩니다.

시험의 편차치 레벨도 거의 같기 때문에 비약적인 성장이 되었습니다. 그중에는 정기 시험의 400점을 455점으로 올려, 학내 순위를 50등에서 8등으로 끌어올린 아이도 있었습니다.

일류 대학에 당당하게 합격

올해 일류 국립 대학에 합격한 사람의 체험담을 소개하겠습니다. 작년 봄까지만 해도 합격 가능성이 거의 없었던 대학에 입학하게 된 기쁨과 희망에 찬 신입생의 이야기입니다.

제가 졸업한 고등학교는 명문학교가 아닙니다. 고등학교 입시 때 희망했던 학교의 입시에 실패하고 재수 방지용으로 응시했던 고등학교에 들어갔습니다. 실은 희망했던 고등학교의 합격률이 50%라고 말해지고 있었으므로, 그 쇼크는 컸으나 어쩔 수 없는 것으로 받아들였습니다. 그런데도 한동안은 콤플렉스 때문이었는지 명문 고등학교에 진학한 친구들과는 연락조차 하지 않았습니다.

진학한 고등학교는 학교에서도 대학진학에 힘을 쏟지 않았고, 학교 친구들도 공부를 열심히 하지 않았기 때문에 고교생활을 즐기는 데는 좋은 환경이었지만, 여전히 약간의 허전함을 느끼고 있었습니다.

부모님의 의견도 있고 해서 일단은 학교 내에 한 클래스만 있는 대학진학반에 적을 두고 있었지만, 입시 공부와는 거리가 먼 생활이었습니다. 나 스스로도 삼류라도 대학생이 될 수만 있다면 괜찮다고 마음을 정하고 있었으므로 한편으론 대단히 마음이 편했던 것은 사실입니다.

내가 디지속을 만난 것은 아버지 권유에 의해서였습니다. 아버지는 고졸이셨으므로 어떻게든 외아들인 저만은 대학에 들어가길 바라셨습니다, 그런데도 강요하지는 않으시고, "재미있는 것이 있더라"시며 가볍게 디지속을 소개해 주셨습니다.

확실히 그것은 재미있는 것이었습니다. 처음에 들었던 것은 7분간의 영어 BBC 뉴스였습니다. PC 화면에 막대 그래프가 나와 있어 그것으로 속도 표시가 되어 있었습니다. 1배속, 즉 보통 속도로부터 출발하여, 1.7배속, 2.7배속, 3.5배속으로 점점 빠르게 되어 갑니다. 영어 뉴스는 보통으로 들어도 모르는데, 더욱 빨리 들으니 더욱 더 뭔소린지 전혀 모르게 되었습니다. 이렇게 빠르게 해서 뭘 어쩌자는 건가 생각하면서 그냥 듣고 있었습니다.

그런데 최고속의 3.5에서 2.7배속으로 스피드 다운되니까 무엇인가 조금씩 분위기가 바뀌어졌습니다. 속도가 빨라져 가는 과정에서 들었던 2.7배속과 같은 스피드일 텐데 그때만큼 빠르다고는

생각되지 않았습니다. 그것을 분명히 알게 된 것은 1.7배속으로 스피드 다운했을 때입니다. 이것이 분명히 처음의 1배속과 같은 스피드로 들렸습니다.

그리고 1배속으로 돌아가니 이것이 묘하게도 느리게 들렸습니다. 물론 문장 뜻까지는 모릅니다만, 단어가 몇 개인가 알아들 수 있었습니다. 뉴스 속 영어 단어가 들렸던 것입니다. 신기한 느낌이었습니다.

그 후, 아버지가 이야기해 준 것은 이것을 입시 공부에 응용해 보라는 것이었습니다. 교과서를 녹음해 두어, 2배속으로 들으면 2분의 1시간으로, 3배속으로 들으면 3분의 1의 시간으로 같은 분량의 공부를 할 수 있다. 자연스럽게 집중력도 늘어나기 때문에 늦었다고 생각지 말고 지금이라도 다시 한 번 도전해 볼 수 있지 않겠느냐고 이야기해 주셨습니다.

하루 단 3시간의 입시 공부

그때가 3학년의 여름 방학 직전이었으므로 예약했던 아르바이트도 취소하고 입시 공부에 전념하기로 했습니다. 그렇다고는 해도 잠자는 시간까지 아껴서 입시 공부를 하고 싶은 생각은 없었습니다. 클럽은 그만두기로 했습니다만 친구들과의 최소한의 만남만은 계속하고 싶다고 생각했습니다.

가장 먼저 착수한 것이 교과서를 PC에 녹음하는 것이었습니다. 대학진학반에 재적하고 있던 덕분에 입시에 필요한 교과서는 충분히 갖추고 있었기 때문에 전혀 친숙하지 않은 것을 사용하는 것보다는 기존의 교과서를 활용하는 것이 낫다고 판단했습니다.

이렇게 해서 제가 입시 공부에 할해한 시간은 하루 3시간입니다. 처음에는 한 시간을 녹음하는 데, 그리고 한 시간을 디지속에 사용했고, 나머지 한 시간은 디지속이 별로 도움이 되지 않을 것 같은 수학 공부를 했습니다.

원래 도쿄의 삼류 사립 대학의 인문계를 '지망'하고 있었기 때문에 자연계 과목은 완전히 무시하고 있었습니다. 자연계는 자신도 없었고 좋아하지도 않았습니다.

그러나 목표는 사립 대학에서 국립으로 전환했습니다. 삼류 사립 대학에서 일류 사립 대학으로 상향조정하는 것만으로도 충분했을지도 모릅니다만, 중학교 시절의 친구들에게 뭔가를 보여주고 싶은 욕심으로 국립 대학교를 목표로 정했습니다. 만약 무리라고 판단되면 그 시점에서 사립 대학교로 전환해도 된다고 생각했습니다.

영어는 자신이 녹음해도 의미가 없기 때문에, 교과서 내용이 담긴 CD를 구매하여, 그것을 사용하기로 했습니다. 그러나, 기초가 되어 있지 않았기 때문에, 중학교 1학년의 교과서를 녹음해서 듣기로 했습니다.

녹음하는 것만으로 여름 방학이 다 갔습니다. 물론 녹음한 순서대로 디지속으로 듣기 시작했고, 영어는 처음에 디지속을 들었을 때의 체험도 있고 해서 재미 있었기 때문에 처음부터 스피드를 올렸습니다. 아마 이것이 제일 도움이 되지 않았을까 생각합니다.

한 시간 집중해도 이상하게 지치지 않는다

하루 3시간으로 정하고 있었습니다만, 디지속을 하기 시작하자, 상당히 의욕이 솟아나와, 휴일에는 4, 5시간을 훌쩍 넘기는 일이 잦아졌습니다. 공부가 재미있게 느껴진 것은 18년간의 생애 중에서 처음 있는 일이었습니다.

교과서의 녹음이 끝나자, 나머지는 듣는 것만이라 편안했습니다. 처음은 2배속으로 들었습니다. 디지속의 2배속 소리를 들으면서 교과서를 눈으로 쫓아갔습니다. 아마 보통 상태로 교과서를 1시간 읽으면 싫증이 나겠지요.

그런데 디지속을 사용하면 저절로 디지속이 먼저 진행되고 눈은 그것을 필사적으로 쫓는 상태가 되기 때문에, 과연 처음에 아버지가 말씀하신 대로, 자연스럽게 집중력이 높아졌습니다. 1시간 내내 온 신경을 집중한 셈이지만, 이상하게도 피로는 느껴지지 않았습니다. 반대로 스피드감, 템포 좋은 리듬감이 오히려 쾌적하게 느껴졌습니다.

2배속이라도 3일(3시간)이면 한 과목을 끝마치게 됩니다. 1개월 정도 하면 2배속으로도 편하게 뒤따라갈 수 있게 되었으므로, 3배속으로 스피드 업 했습니다. 3배속은 계산상으로는 2일(2시간)에 한 과목을 끝마치게 됩니다만, 2일이 걸리지 않고 하루에 끝나버립니다. 실은 너무 재미있어서 2시간 연속해서 듣게 됨으로 하루 1회로 통독해 버립니다.

이와 같이 교과서를 하루에 독파한다는 것은 디지속 없이는 절대로 생각할 수 없는 일입니다. 10월달에는 수학을 제외하고, 하루 한 과목씩 교과서를 전부 읽고 있었습니다. 익숙해져서 교과서 없이도 내용을 제대로 파악할 수 있게 되었습니다.

수학도 도중에 방식을 변경했습니다. 생각해 보면 수학 교과서도 수식만 줄지어 있는 것이 아니라, 상당한 양의 설명문이 있습니

다. 그것을 녹음해서 그것만이라도 기억하도록 했습니다.

계산력까지는 어떻게 할 수 없었지만, 공식을 통째로 암기하는 것만으로도 수학이라는 것에 대한 생각이 달라졌습니다. 수학에 관한 것은 일단 전부 이해하고 있다는 생각에 안심하는 마음이 생겼습니다.

평균성적이 단기간 급격히 향상

이 때쯤부터 수학의 점수도 서서히 올라갔습니다. 그리고 이것이 국립대학교 입시 도전에 대한 자신감으로 나타났습니다.

지망 대학교를 최종적으로 좁힐 단계가 되어 만난 진학 지도 선생님은 제가 지망하는 대학교를 들으시고 의외의 표정을 지으셨습니다. 그러나 입시생의 특권으로서 안 되더라도 한번 도전해 보고 싶다고 말씀드렸더니 그것도 그렇다라고 납득해 주셨습니다. 물론, 모의고사에서 저의 평균성적이 여름부터 가을에 걸쳐 급격하게 올라가고 있었으니까 장난만은 아니다라고 알아주셨던 것 같습니다.

다만 급격하게 성적이 올라가고 있다 해도 아무래도 출발시점이 너무 늦었기 때문에 지망 대학교의 합격권은 아직도 먼 곳에 있었습니다. 11, 12월달은 오로지 디지속으로 교과서를 이해하여 수학 문제풀이를 계속했습니다. 그 사이에도 평균성적은 차근차근 올랐습니다.

가장 놀라운 것은 국어의 향상입니다. 현대 국어에 관해서는 대책을 세울 수가 없고, 특별히 아무것도 하지 않았습니다만 디지속 덕분에 이해력이 급격히 늘어난 것 같았습니다. 그것은 스스로도 실감할 수 있었습니다. 문장을 읽으면 그 내용이 그대로 들어왔습니다. 굳이 표현하자면 작자의 의도를 이해할 수 있게 되었습니다.

국어 향상의 파급효과는 전체에 미치게 되었습니다. 영어에서는 일본어 번역이 좋은 문장이 되었고, 다른 과목에서도 문제의 의도가 잘 파악되었기 때문에 대답하기 쉬웠습니다. 생각해 보면 전에는 조금 어려운 문제는 두세 번 같은 문제를 다시 읽어야 했습니다. 이제는 어려운 문제도 다시 읽어볼 필요가 전혀 없었기 때문에 그만큼 짧은 테스트 시간에서 상당히 시간을 절약할 수 있었습니다. 이것들은 예상 외의 효과였습니다.

12월달 직전까지 제1지망의 국립대학교와 제2지망의 사립대학교, 그리고 재수 방지용의 사립대학교를 결정해 1월부터 드디어 입시에 임했습니다. 사립대학교 두 군데의 시험 전날에도 세계사의 교과서를 완벽하게 머리에 주입하여, 어쨌든 교과서 안에서 나오는 문제이면, 뭐든지 대답할 수 있겠다고 할 정도의 자신감이 있었습니다. 영어도 듣기뿐이라면 거의 완벽한 상태가 되어 있었습니다.

재수방지용 대학교는 완전히 자신 있었습니다. 제2지망으로 정한 죠치(上智)대학교는 합격률 50%라는 느낌은 가질 수 있었습니다. 센터시험도 1차 선발 수준에 걸리지 않을 정도의 성적을 따서 우선 안심했습니다.

2월달의 시험 전에는 영어를 총정리했습니다. 이 시점에서는 지식보다 오히려 스피드를 올려 머리의 회전을 빠르게 하는데 주 목적을 두었습니다. 스스로도 머리 회전이 빨라진 것 같은 느낌이 들었습니다.

시험 당일은 합격하지 못 해도 좋다는 생각과 내가 할 수 있는 최선을 다했다는 생각에 초조한 마음 없이 담담하게 시험을 치를 수 있었습니다. 시험장에서 중학 시절의 친구 K군을 만나 오래간만이라는 인사를 했습니다. K군은 내가 그 자리에 있다는 것 자체만으로도 매우 놀라워 했습니다. 그를 놀라게 한 것만으로도 지금까지 반년간 노력해 온 보람이 있다고 생각했습니다.

결과는 K군과는 함께할 수 없었습니다. 내가 합격하지 못했기 때문이 아니고, K군 쪽이 떨어져 버렸기 때문입니다. 고등학교 입시와는 반대가 되어버린 것입니다만 불과 반년 만에 그 만큼의 대역전이 가능했던 것은 확실히 디지속 효과라고 말할 수밖에 없습니다.

내가 죠치대학교 문과와 츠쿠바대학교 1군 양쪽 모두에 합격하다니 1년 전엔 감히 그곳에 응시할 생각조차 엄두를 내지 못했던 저에게는 마치 꿈과 같은 이야기입니다.

CNN의 영어가
3개월 만에 90% 들어왔다

여기서 소개하는 것은 어느 20대의 엔지니어가 디지속 효과로 영어를 할 수 있게 된 체험담입니다. 일에 도움이 되는 극히 실용적인 영어를 기억하는 방법이므로 여러분에게도 참고가 될 것으로 생각합니다.

중학교에서 영어를 처음으로 배우고 나서 얼마나 지났을까? 최초로 배운 "This is a pen." "I have a pen."을 가르쳐 주신 선생님의 얼굴이 지금도 생생하게 생각이 납니다.

그렇지만, 중학교에서 3년간, 고등학교에서 3년간, 전문학교에서 2년간 배워, 테스트 점수는 적당히 따낼 수 있는 정도는 되었지만 내가 영어를 잘한다는 생각은 전혀 없었습니다.

회사에 들어가고 나서, 업무상의 일로 현장에서 CNN을 리얼타임으로 듣고 세계의 흐름을 직접 이해할 필요가 생겼습니다. 그렇지 못하면 정리해고를 당하게 될 처지가 되었습니다.

일본인이 영어가 능숙하게 되지 않는 두 가지 이유

그 때 소개받았던 것이 디지속입니다. 디지속 이론에서는 영어(어학) 실력의 향상이 어려운 것은 두 개의 이유에 의한다고 설명되고 있습니다.

하나는 일본인은 영어의 고주파 소리를 들을 수 있는 귀가 되어 있지 않다는 것. 귀가 영어의 소리를 듣지 못한 것에 대해 놀랐습니다. 듣지 못하고 있다면 말할 수 없는 것은 당연합니다. 그 때까지는 소리 그 자체에 관심을 가졌던 적이 없었습니다. 영어의 소리가 일본어와 달리, 2kHz~10여 kHz 이상의 소리로 말해지고 있다는 것은 몰랐습니다.

이것으로는 고주파가 나오지 않는 후진 라디오 카세트로 아무리 영어 소리를 듣고 있어도 영어를 듣고 있는 것으로는 되지 않다는 것입니다. 곧 집에 있는 음향 설비를 적어도 20kHz 정도까지는 깨끗한 소리로 나올 수 있도록 버전 업 했습니다.

음질의 80%는 기본적으로 스피커의 성능으로 정해진다고 하기 때문에, 고음까지 아름다운 소리가 나오는 스피커를 준비하여, 라디오, TV, CD player, 스카이 퍼펙트 TV(위성방송)의 오디오 출력으로서 이용하기로 했습니다.

그랬더니 영어의 소리라는 것은 이렇게 뇌를 자극하도록 고음이 나오든가 생각할 정도로, 높은 소리까지 나오는 것을 깨달았습니다. 영어를 듣고 있는 것만으로도 뇌에 기운이 주어지고 있는 감각이 느껴졌습니다.

디지속 이론에서 영어 실력의 향상이 어려운 또 하나의 원인은 스피드입니다. 영어는 통상 일본어의 2배 정도의 스피드로 이야기 되고 있다고 합니다. 그래서 영어의 스피드에 일본인의 귀가 따라 갈 수 없다는 것입니다. 알아듣지 못해서 빠르게 들린다고 생각했더니, 실제로 템포가 빠른 말이라는 것을 알게 되었습니다.

그래서 디지속으로 4배속 정도로 영어를 듣고 있으면 일본어의 2배 정도로 말해지고 있는 영어라도 귀가 따라 갈 수 있게 된다고 합니다. 마치 프로야구의 오 사다하루(王 貞治)이라든지 이치로가 "볼이 멈추어 보인다" 고 말하는 것처럼, "영어의 소리가 멈추어 보이는"것 같은 감각이 되는 것입니다. 처음은 정말일까 하고 생각했습니다. 하지만, 실제로 디지속을 시작한 지 1주일 정도 지나자 지금까지 전혀 따라갈 수 없었던 CNN의 영어 스피드에도 따라갈 수 있는 감각이 생겨서 매우 놀랐습니다.

디지속을 만나고 나서의 저의 어학 학습은 매일 아침 21분간의 디지속 청취 후, BS 혹은 스카이 퍼펙트 TV의 CNN 프로그램을 보는 것으로 시작했습니다.

NHK의 BS7채널은 다중언어로 뉴스를 방송하고 있습니다. 뉴스이므로 영어 내용 자체는 잘 이해할 수 없어도, 화면을 보면 대체로 무엇이 일어나고 있다는 것은 압니다. 이런 사건일 때에는 어떤 식으로 말하는 것일까 라고 관심을 가지고 듣고 있으면 하나 둘 의미를 아는 단어가 들려옵니다. 어쨌든 처음에는 한 편의 음악을 듣는 것처럼 뉴스의 소리를 즐겨 듣도록 노력했습니다.

우리들이 대화를 나눌 때에도 모르는 단어가 나오면 '지금 뭐라고 말했어? 어떤 글자를 쓰는 거야?'라고 물으면서 새로운 어휘를 몸에 익힙니다. 마찬가지로 디지속으로 귀가 좋아져 소리를 알게 되면, CNN을 들으면서 소리는 알아들을 수 있어도 의미를 모르는 단어가 나옵니다. 그 때 뉴스 전체로부터 의미를 추측하면서 필요에 따라서는 사전으로 확인을 해나갔습니다.

그랬더니 처음엔 조금밖에 알아듣지 못했던 CNN이 어휘 수도 점점 늘어나서 3개월 정도 지나자 90% 가까이 알아들을 수 있게 되었습니다.

살아있는 뉴스는 교재로서 최적

하루 평균 10개 정도씩 새로운 단어를 획득해 3개월 만에 1000개 정도의 새로운 단어를 기억한 것 같습니다. 수적으로는 그리 많지

않다고 생각합니다만 교과서로 기억한 단어가 아니고 일상 속에서 듣는 생활의 소리로부터 획득한 단어이므로 하나하나의 단어가 몸에 배어 있습니다.

단어를 기억하는 방법도 처음은 한 개, 두 개씩이었습니다만 기억하고 있는 기본 어휘수가 많아지면 점점 새로운 단어도 기억하기 쉬워져, 획득하는 어휘수도 자꾸자꾸 많아집니다. 당연히 더욱 더 뉴스를 듣는 것이 즐거워집니다.

테이프의 교재 등은 아무래도 죽은 정보이므로 싫증이 나기 쉽지만 살아 있는 뉴스는 지금 일어나고 있는 것이므로 매우 신선하고 흥미롭기도 하여 교재로서는 매우 훌륭하다고 생각하고 있습니다.

옛날부터 AFKN이나 CNN을 들으면서 영어를 몸에 익히는 방법에 대해 많이 들어왔기 때문에 저도 한때 해본 적이 있습니다만 듣고 있어도 전혀 알 수 없었기 때문에 결국 도중에 포기해 버리고 말았습니다.

자신의 청취력에 놀란다

그때와 다른 점은 디지속을 계속하면서 영어 방송을 들으면 단어를 알아듣게 된다는 것입니다. 이전에는 CNN 등은 절대로 알아들을 수 없을 것으로 생각했습니다만 이제는 제대로 알아들을 수 있게 되어서 신기했습니다. "와, 이렇게 들을 수 있게 되었구나" 스스로도 나 자신의 청취력에 놀라고 있습니다.

제가 근무하는 회사는 자동차 관계입니다만 세계 뉴스의 시청은 근무상 큰 도움이 되고 있습니다. 지난 달에는 외국인과 협의를 하는 도중에 뉴스를 화제로 대화하고 있는 나 자신에게 놀랐습니다. 제가 이야기하는 영어는 아직도 변칙적이긴 하지만 상대가 말하는 것을 알아들을 수 있기 때문에 대등하게 이야기를 나눌 수 있었습니다.

지금까지 특별한 교재를 사용하거나 단어장을 만들거나 하는 고생은 하지 않았습니다. 다만 매일 아침에 21분간 디지속을 듣고 난 후 BS 등 살아있는 뉴스를 시청했을 뿐입니다. 좀 더 단기간으로 하려고 생각하면 시판 교재의 CD 등을 디지속에 넣어 듣는 방법도 있었습니다만, 그것까지는 하지 않았습니다. 어쨌든 바쁜 아침 시간을 활용하였기 때문에 많은 시간을 낼 수 없었습니다.

디지속을 듣는 것은 아침에 머리를 맑게 해서 머리 회전을 빠르

게 하는 점에서도 효과가 있었습니다. 그것만으로도 아주 좋았다고
생각합니다만 영어까지 할 수 있게 되어 덤으로 또 하나의 이득을
얻은 기분입니다.

2 ‘소리’가 기적을 가져다주는
경이로운 진실

영상보다 소리 쪽이 정보량이 많다!?

　디지속에 대해서 자세하게 소개하기 전에, 의외로 알려져 있지 않은 ‘소리’의 중요성에 대해서 먼저 이야기를 하겠습니다. 일반적으로는 시각 쪽이 정보량이 많다고 생각해서 귀보다 눈을 중요시하는 경향이 있습니다.

　그러나 실은 소리 쪽이 정보량이 더 많습니다. 이것은 소리로 구성되는 단어 안에 들어가 있는 개념이 전해지기 때문입니다. 예를 들면 ‘세계’라고 하는 개념을 영상으로 보여주려면 다양한 영상을 준비할 필요가 있겠지요. 그런데 단어라고 하는 음성으로 그 개념을 파악한 후에는 ‘세계’라고 하는 소리로 그 개념을 상대와

공유할 수 있습니다. 단어의 정보 전달은 늦습니다만, 짧은 단어 안에 개념을 전할 수 있다고 생각하면, 영상보다 정보량이 많다고 말할 수 있습니다.

'사랑'이라는 단어는 '사'와 '랑'이라고 하는 2개의 소리에 지나지 않지만, '사랑'의 개념에는 우주와 맞닿을 수 있는 무한한 내용이 있습니다. 그 정보의 량은 대단하다고 말할 수 있겠죠.

'백문이 불여일견'이라고 하는 속담이 있습니다. 100번 듣는 것보다도 한번 보는 게 훨씬 낫다고 하는 의미입니다. 그러나 이것은 반대로 생각하면 정보의 '한정'이고, 상상력을 빼앗는 것이라고 말할 수 있습니다.

일본 방송 NHK의 연속 드라마는 같은 것을 아침과 낮에 두 번 방송하고 있습니다. 이전에 <churasan>이라고 하는 드라마가 방영되고 있었습니다만, 그 드라마를 이용해서 좀 재미있는 실험을 해 보았습니다.

우선, 아침 방송에서는 소리만으로 <churasan>을 듣습니다. 그리고 재방송에서 영상을 보면, 소리만으로 상상하고 있던 영상과 너무 달라서 놀라게 됩니다. 물론 배역은 알고 있기 때문에 음성은 그 사람들이 이야기하고 있듯이 상상합니다만, 장면도 상황도 완전히 다른 것이 되어 버립니다.

이와 같이 소리만을 듣는다면 그 소리로부터 다양한 상황이나 영상을 떠올릴 수 있습니다. 그런데 방송되는 영상은 하나뿐이므로 그곳으로부터 새로운 발상을 낳는 것은 상당히 어렵습니다. 눈으로 보았을 경우에는 그 눈으로 본 것만이 정보이며, 그 이상으로 확대되지 않습니다.

정확한 정보의 전달이라고 하는 점에서는 확실히 '일견에 불과'합니다만, 뇌력을 키우는 상상력의 환기라는 점에서는, 듣는 쪽이 훨씬 풍부한 결과를 가져다 줍니다.

몸은 음차의 덩어리와 같아서
좋은 소리로 건강하게 될 수 있다

영어의 단어 '뮤직'은 그리스 신화의 예술신 '뮤즈'를 그 어원으로 하고 있습니다. 한국어의 음악(音樂)이란 '소리(音)'의 '즐거움(樂)'이라고 씁니다. 본인도 최근에 '소리'를 즐기는 방법을 알았습니다.

여러 가지 음악을 듣고 있으면 음악의 리듬이 몸의 세포에 들어와서 평소에 운동을 안 하는 사람이라도 세포가 리드미컬하게 움직이기 시작하고 몸 전체도 운동을 하고 싶어집니다. 좋은 음악을 듣는 것은 세포 하나 하나의 활성화에도 연결되어 몸도 건강하게 됩니다.

이것은 본인의 경험입니다만 머리를 사용하고 생각하는 것을 좋아했던 저는 반대로 운동을 한다는 것은 아주 귀찮은 마음일 뿐, 그다지 좋아하지는 않았습니다. 몸의 어디엔가 움직이고 싶지 않다고 하는 뿌리깊은 의식이 있는 것 같은 느낌이었습니다.

　그런데, 소리에 눈을 떠 다양한 음악을 듣게 된 후로는 몸을 움직이고 싶어하는 자신을 발견했습니다. "몸을 움직이는 것이 싫다고 하는 뿌리 깊은 생각"이 사라져 버리고 있었습니다. 그 이후 음악을 들으면 들을수록 몸을 움직이고 싶어 견딜 수 없게 되어 버렸습니다.

　또 음악을 매일 듣기 시작한 지 수개월이 지났을 무렵, 업무관계로 3일 동안 음악을 들을 수 없었던 적이 있었습니다. 그러자 왠지 피곤하고 몸에 기가 빠져나간 듯한 느낌이 들었습니다. 왜 이럴까? 곰곰이 생각해 보니 음악을 3일간 듣지 않았던 것입니다. 그 때 음악을 듣는 것이 소리로부터 몸에 에너지를 받는 것임을 알게 되었습니다.

이러한 것을 종합해서 생각해 보면, 몸안에는 외부로부터의 소리 에너지를 받는 음차와 같은 것이 있는 것 같습니다. 중학교에서 배우는 음차의 실험을 생각해 보세요. 음차를 2개 놓고, 한쪽의 음차를 울리면 소리가 공중에 전해져 전달되어 또 하나의 음차에 전해져 울리기 시작합니다.

인간의 몸은 소리에 대한 음차와 같아서, 밖으로부터 좋은 소리의 파동을 받으면 그것에 반응해서 몸이 진동하기 시작합니다. 그런 느낌이 아닐까요? 좋은 음악을 들으면 머리로부터 발끝까지에 있는 체내의 여러 가지 주파수의 음차가 공명해 마음에 감동과 평온함을 주는 것과 동시에 몸에 진동에너지를 주어 몸을 건강하게 해주는 작용이 있습니다.

간혹 인기 그룹의 콘서트에서 여성이 실신하는 일이 있습니다. 이것도 소리에 의해 마음의 세포와 신체의 세포가 공명하고 있는 상태의 한 예가 아닐까요?

하나 하나의 세포가 공명되면 감동을 느끼게 되어 인생의 목적과 일치해 감동이 넘치는 인생으로 변하게 합니다. 소리에 감동하게 되면 몸의 음차가 정상적으로 진동하기 시작하므로 몸이 건강하게 되는 것 같습니다. 저는 이것을 '음차 건강 이론'이라고 부르고 있습니다.

쇼팽의 명곡에 울음을 터뜨린 아이

인간성을 키우는 데 있어서 소리가 극히 중요한 역할을 하고 있다는 것이 최근 다양한 분야에서 밝혀지고 있습니다. 소리가 인간에게 미치는 영향의 예로, 이런 실례가 있습니다.

일본 효고(兵庫)의 시골에 살고 있던 부부가 회사의 전근 때문에 오사카의 이타미(尹丹) 공항 근처로 이사를 하게 됐습니다. 큰아들은 시골에서 태어나 시골에서 자랐는데, 둘째 아들은 엄마 뱃속에 있었을 때 시골에서 공항근처로 이사했던 것입니다. 집 밖에서는 비행기가 이착륙할 때마다 나는 큰소리에 큰아들은 굉음을 무서워하며 매번 울음을 터뜨렸습니다. 그러나 엄마 뱃속에서부터 비행기 소리를 들으며 태어난 둘째 아들은 아무리 큰소리가 나도 울지 않았습니다.

인간은 환경에 적응할 수 있도록 되어 있겠거니 생각해서 아버지는 특별히 걱정하지 않았습니다. 그런데 1년 후, 가족이 함께 쇼팽(Chopin)의 명곡을 들을 기회가 있었는데, 지금까지의 생각이 잘못된 것임을 알게 되었습니다.

쇼팽의 명곡이 흘러나오자 큰아들은 감동하고 있는 데 비해, 둘째 아들은 마치 무서운 소리를 들은 것처럼 울기 시작했습니다. 엄마 뱃속에 있을 때부터 비행기의 기계음을 계속 들은 둘째 아들은 기계 소리가 귀에 익숙한 환경음이 되어 있었기 때문에 명곡을 오히려 소음이라고 느끼게 되었던 것입니다.

　음식을 맛있다고 느끼는 미각도 그렇습니다만, 소리의 감성도 이와 같이 어린 시기에 형성되어 버립니다. 인간은 태아 때부터, 엄마의 자궁 안에서 아버지, 어머니가 이야기하는 소리, 외부로부터 들려오는 소리를 듣고 자랍니다.

　일정 온도로 유지된 양수 안에서 변화하는 자극은 소리뿐입니다. 눈도, 코도, 혀도, 피부도 거의 감각이 없는 세계에서 아직 잠자고 있습니다. 오감 중 활동하고 있는 것은 다만 하나, 귀인 청각뿐인 것입니다.

소리는 인간의 마음에 직접 영향을 주는 매체

그렇게 생각하면, 자기 자신을 재창조하려고 생각할 때에는, 아기의 성장과정과 마찬가지로 청각에 들어오는 소리부터 바꿔가는 것이 원리적으로 옳다고 말할 수 있습니다.

아기가 보채려고 할 때, 태내에 있을 때 들었던 소리, 즉 어머니의 심장 뛰는 소리를 바탕으로 만든 체내음(태아음)을 듣게 하면 얌전하게 되는 것은, 잘 알려진 사실입니다. 아이는 마치 어머니의 태내에 있듯이 안심해서 조용해집니다.

그와 함께 들려 오는 것이 애정 넘치는 어머니의 목소리, 아버지의 목소리를 듣게 되면 더욱더 안심이 됩니다. 원래, 인간이 내는 목소리는 인간이라고 하는 악기가 연주하는 음악인 것입니다. 다양한 소리 안에서 아이에게는 어머니와 아버지의 육성이 최고의 음악일 것입니다.

기타에는 기타의 말이, 피아노에는 피아노의 말이 있듯이, 인간의 성대는 자연이 준 최고의 악기라고 생각하면, 자신이 내는 목소리에도 애착이 생겨납니다. 그렇게 되면 아이에게 말을 할 때 이야기하는 방법도 바뀌게 됩니다. 아버지와 어머니가 아이에게 '사랑해요'라고 말해 줄 때 그것은 인간이 내는 최고의 음악인 것입니다.

이와 같이 소리가 인간에게 주는 영향은 상상 이상의 것이 있습니다. 인간은 소리만으로 더 없이 행복하게 될 수 있습니다.

소리가 가지는 힘으로 또 다른 예를 들자면 젊은이들이 밴드의 소리에 열광해 눈물을 흘리는 광경을 자주 볼 수 있습니다. 그러나 그림에 대해서 생각해 본다면 아무리 훌륭한 그림이라도 그림을 보면서 많은 사람이 한꺼번에 감동하는 일은 없을 것입니다.

소리는 인간의 마음에 직접 울리는 대단한 정보량을 가지는 매체인 것입니다. 소리가 왜 그렇게까지 감동을 불러일으키는가 하면, 소리의 파동이 인간의 몸에 직접 부딪치기 때문입니다. 그것은 눈으로 보는 시각적인 감동과는 본질적으로 다른 점입니다. 시각으로 보는 경우는 빛이 눈을 통해서 단순히 뇌를 자극하고 있는 것에 지나지 않습니다.

아시다시피 호흡은 단순히 코만으로 하고 있는 것이 아니라, 몸 전체의 피부에서도 하고 있습니다. 피부 호흡을 할 수 없으면 목숨에 영향을 미칩니다. 이것과 마찬가지로, 음파도 다만 귀만으로 듣고 있는 것이 아니라, 몸 전체로 피부 호흡처럼 듣고 있습니다. 이 때문에 음악에 의해 온몸으로 감동을 받게 되는 것입니다.

소리에 관심을 갖고 할머니에게 옛날에 자주 들었던 그리운 소리를 되찾아주어 치매가 나아졌다고 하는 이야기도 수없이 많습니다.

태아는 모두 천재다

아버지와 엄마의 풍부한 애정어린 따뜻한 소리를 듣게 하는
것이 마음(뇌력(腦力)의 성장에 얼마나 효과가 있을까 하는 것을
증명하는 것으로서 자궁 대화의 경이, 『태아는 모두 천재다』(일본
쇼덴샤)라는 책을 소개하고 싶습니다.

이 책은 태아 교육의 실천적인 입문서로서 베스트셀러가 되고
있기 때문에 읽으신 분도 많지 않을까요? 저자의 지츠코·스세딕
씨는 4명의 자녀를 모두 천재로 길러낸 경험을 책 '머리말'에
이렇게 쓰고 있습니다.

'저도 그리고 기계공이던 남편 죠셉도 IQ는 120정도입니다.
이렇듯 매우 평범한 부부 사이에서 태어난 4명의 자녀들이
모두 IQ가 160이 넘는다는 사실은 유전학적 인과관계를 넘어
새로운 인과관계, 즉 태아의 능력을 발휘시키는 "태내 교육"의
유효성을 증명하는 것이라고 볼 수 있습니다.

저희들은 아이가 태내에 있을 때부터 그 지육(知育), 즉 지성
적 교육에 어울리는 노래나 음악을 듣게 하는 것과 동시에,
알파벳이나 수의 셈, 생활의 도구나 동식물 등에 대해서 말을
해주면서 가르쳐 왔습니다. 저희들이 "자궁 대화"라고 부르고
있는 이러한 방법에 의해 실제로 4명의 자녀들은 생후 2주만에
단어를 말하고, 3개월째에는 이야기를 할 수 있을 정도로 지능

이 발달되고, 게다가 6개월째에 변기의 사용법을 배우고, 9개월째에는 걷기 시작하는 등 운동 능력도 발달했습니다.

　저희들의 실천에 의해 지금까지의 태아 의학이 재검토되어 베일에 가려져 있던 "태아의 놀랄 만한 능력"이 차츰 해명되어지고 있는 사실에, 저희들 일가는 큰 기대와 기쁨을 느끼고 있습니다.'

아직 배안에 있는 태아와의 대화에 의해 천재를 키워낸 실화입니다. 이것의 기본이 되고 있는 방법은 '자궁 대화'라고 불리고 있습니다. 대화라고는 해도 말하는 것보다는 애정어린 부모의 목소리를 배 안에 있는 태아에게 들려주는 방법이라고 말하는 편이 좋을지도 모릅니다만, 마음속에서는 부모의 애정을 전달하는 대화겠지요.

1년에도 못 미치는 태내에서의 성장기간에 좋은 음악이나 애정 넘치는 부모의 목소리를 듣게 하는 것으로, 4명의 천재가 태어났습니다. 부모의 목소리, 즉 '소리'가 인간의 가능성을 이 정도까지 바꾸어 버리는 파워를 가진다는 것을 이해할 수 있지 않을까요?

이 사례 하나를 봐도, 애정이 가득한 부모의 목소리로 뇌는 자라고 있다는 것을 확신할 수 있습니다.

소리는 마음의 "다이아몬드"

눈이 지쳤다고는 흔히 말합니다만, 귀가 지쳤다고 하는 표현은 하지 않습니다. 아무래도 귀는 24시간 소리를 듣고 싶어합니다. 본래 24시간 환경음으로서 자연의 소리를 듣게 되어 있는 인간이, 현대 생활에서는 24시간 듣고 있는 소리가 소음인 경우가 많기 때문에 그것이 나쁜 결과를 낳고 있는 것 같습니다.

예로서 저의 경험을 이야기해 보겠습니다. 어렸을 때 좋은 소리를 듣지 못한 저는 체내에 좋은 음차를 가지고 있으면서도 그것이 녹슬어서 좋은 소리를 들어도 공명하지 않았던 것입니다. 그래서 좋은 음악을 들어도 감동을 맛볼 수 없었던 것이 아닐까요.

그런데 지금의 저는 좋은 음악을 들으면 몸의 다양한 부분이 '감동'과 '평온함'을 느끼게 되었습니다. 즉, 소리를 즐길 수 있게 된 것입니다.

그 이전의 저는 소리가 이렇게 기쁨을 주는 것이라고 생각하지 못했습니다. 전에 근무하고 있던 회사에서 컴퓨터 DOS/V기를 출시한 경험을 가지고 있습니다만, 그 때의 CPU 스피드가 25MHz 정도였습니다. MHz대를 취급하고 있던 사람에게는 인간이 알아들 수 있는 100Hz에서 20kHz 정도까지의 주파수에 대해서는 아무렇지도 않은 주파수로 느껴져서 별로 관심을 갖지 않았던 것입니다.

그러던 중 사람의 귀로 35kHz 정도까지 알아들 수 있으며 자신의 귀로 주파수를 분석할 수 있는 이카와(伊川) 씨라는 사람을 만나 소리 세계의 놀라움을 알게 되었습니다. 소리에 대해서 훌륭한 감성을 가지고 있으며 소리를 다이아몬드와 같이 소중히 하는 모습이나, 좋은 소리를 들으면서 감동하여 기뻐하고 있는 이카와 씨의 모습을 보았을 때, 소리라는 것이 이렇게 사람을 감동시키는 것임을 처음으로 알게 되었습니다.

이카와 씨가 저에게 소리를 들려주었을 때에 사용했던 것이 일본 미츠비시(三菱) 전기의 명기인 고음까지 좋은 소리가 나오는 DIATONE의 4개의 스피커였고, 소리는 맑고 고음까지 무한하게 퍼지고 있는 느낌으로 정말로 아름답게 들렸습니다.

이카와 씨처럼 좋은 소리를 매일 들으면서 생활하는 사람과 소음만을 들으며 생활하는 사람은 전혀 감성이 다른 사람이 되어 버린다는 사실에 큰 충격을 받게 되었습니다. 동시에 기술 개발자인 저로서는 기술을 인간의 감성과 연결시켜서 생각하지 못했던 자신이 한심스러웠습니다.

소리는 인간의 희노애락, 감성(사랑)이라고 하는 눈으로 보이지 않는 정보를 넣을 수 있는 매체라고 생각됩니다. 그러니까 소리의 정보 안에 무한한 사랑의 정보를 담아 말하는 음성을 듣는 것에 의해 인간의 마음이 풍요로워지는 것입니다. 아이에게 있어 최고의 음성 정보는 아버지와 어머니의 목소리라고 생각합니다. 그것이 자궁 대화의 기적을 낳은 것이겠지요.

소리는 인간으로 비유하면 마음에 해당된다

앞에서도 말했듯이, 지금까지 저는 TV에서도 영상 쪽이 중요하다고 생각하고 있었습니다. 그러나 최근 들어 영상이 부록이며, 소리 쪽이 보다 중요하다는 것을 알았습니다.

그 이유는 인간의 구조를 생각하면 이해하기 쉬워집니다. 인간은 마음과 몸으로 되어 있습니다만, 마음은 '보여달라'고 말해도 보여줄 수 없습니다. 사랑이 깊은 사람이라도 그 사람에게 정말로 사랑이 있는지 없는지는 행동으로 표현될 때까지 알 수 없을 것입니다.

그와 마찬가지로 소리도 아무리 좋은 음악 CD가 있고 음향 시스템이 있어도 소리가 날 때까지는 어떤 소리인지 모릅니다. 영상은 그 점에서 몸과 같아 보는 것으로 확인할 수 있습니다만, 소리는 볼 수 없습니다. 그래서 이것들은 다음과 같이 비교할 수 있습니다.

마음 → 음악 (안 보인다)
몸   → 영상 (보인다)

그렇다면 인간에게 있어 마음 쪽이 주체이며 중요한 것이기 때문에, 멀티미디어에 적용시켜도 영상보다 소리 쪽이 인간에게 있어 더욱 중요하다고 생각합니다.

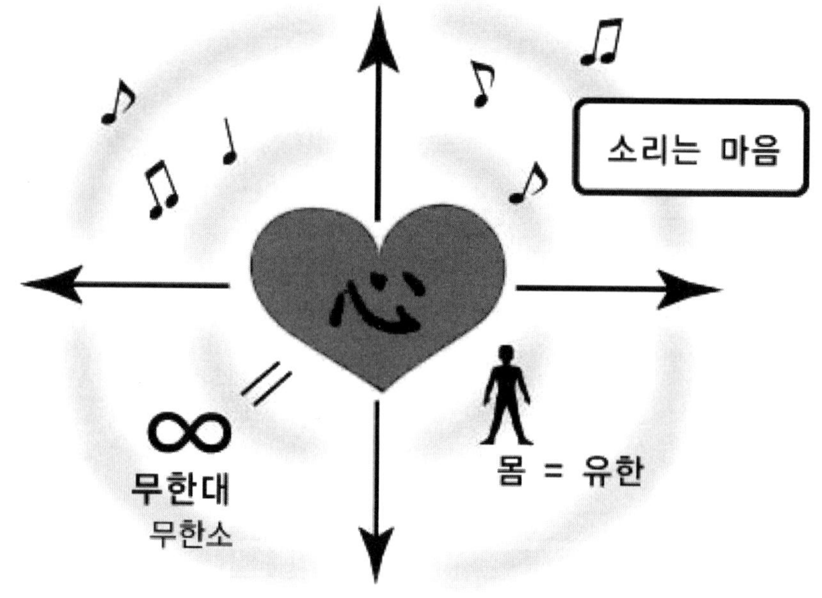

　마음은 무한의 공간인 우주를 왔다갔다 하는 등 커지거나 작아질 수 있는데, 몸은 하나인 것과 마찬가지입니다. '소리는 마음'이라고 비유해서 생각해보면, 소리만을 듣고, 무한하게 작게, 무한하게 크게, 무한하게 과거로, 무한하게 미래로 마음을 왕래시키고 생각함으로써, 무한한 아이디어가 나오는 것이라고 생각합니다.

　그렇게 생각해 보면, 풍부한 마음으로 성장하려면 좋은 소리를 많이 듣게 하는 것이 좋다는 결론이 나옵니다. 시골에서 자라고 마음이 풍부한 사람은 3 세대의 조부모, 부모, 형제 자매의 목소리를 듣고, 또한 근처의 많은 아줌마, 할아버지나 친구들의 목소리를 들으면서 성장하므로, 풍부한 마음으로 자란 것은 아닐까요?

요즘은 핵가족화 되어, 어릴 때에 매일같이 들을 수 있는 것은 어머니나 아버지의 목소리뿐입니다. 그 부모도 자녀에게 말을 해주는 것이 귀찮아, TV나 비디오의 소리만을 들으면서 자란 아이는 자폐증에 걸리는 경향도 있습니다.

어릴 적부터 많은 사람들 속에서 성장한 아이와, 어머니와 TV나 비디오만으로 자란 아이와는 감성의 차이가 클 것입니다.

그러나 이제부터라도 그러한 감성으로 키울 수 없을까요? 감성이나 말은 어릴 때에 몸에 배어버리게 되면 어느 정도의 연령이 되어서는 바꾸기가 상당히 힘이 듭니다. 그런데 본인이 제안하는 이 '디지속'을 사용하면 그것을 되찾을 수 있는 가능성이 있습니다.

청력(귀)이 마음을 성장시킨다

태어났을 때, 인간의 귀는 이미 완벽한 것으로써 기능하고 있습니다. 뇌나 손발, 다른 모든 기관이 미숙한 상태로 탄생하는 가운데, 귀는 유일하다고 말해도 좋을 정도로 완성된 기관으로서 이 세상에 태어납니다.

태아의 귀는 어머니의 태내에서 소리를 듣는 것을 배우고, 사회적 언어를 습득할 준비를 합니다.

그리고 탄생 후는 우선 주위의 새로운 소리 환경에 적응하려고 합니다.

　적응할 수 없는 소리, 예를 들면, 100dB에 달하는 소음이나 부부 싸움의 욕소리, 혹은 뇌에 충격을 주는 것 같은 TV의 소리 등에서 몸을 지키기 위해, 이러한 불쾌한 공격에 대항하는 방법으로서 갓난아기는 귀를 막아 버린다고 하는 비상 수단을 택합니다.

　이러한 갓난아기는 언어에도 커뮤니케이션에도 사회적 교류에도 귀를 막아버려, 이윽고 학교에 갈 무렵이 되면 실어증에 걸리거나 자폐증상을 나타내게 됩니다. 'TV가 유아를 무능하게 한다'(Cosmo to one간)라는 책에서는 유아에게 TV나 비디오의 영상만 보여주고 있으면 말이 늦게 트이거나 자폐증에 걸리기도 한다고 쓰여 있습니다. 인간의 중심이 되는 정신적인 부분이 자라지 않기 때문이라고 생각합니다.

	소리	영상
차원	시간	공간
물결의 종류	음파	광파(光波)
가시(可視)	안보인다	보인다
기관	귀(세로 형)	눈(가로 형)
기쁨의 종류	정서적	지성적
마음의 표현	표현하기 쉽다	표현하기 어렵다
부수감각기관	몸 전체(피부)로 느낀다	눈만으로 본다
범위	전후, 좌우, 상하 모두 들린다	전면만 보인다
상대방과의 관계	상대방은 귀로 듣고 입에서 발한다고 하는 수동적인 면과 능동적인 면의 양면을 가진다	상대방은 눈으로 볼 뿐(영상을 그릴 때는 눈이 아니고, 손을 사용한다)
목적	상대방과의 감정 전달	공간 정보의 전달
인간	마음	몸
주객	주체	대상

다음 표로 나타내듯이 귀=청각은 문화적인 생활을 보내기 위해서 상상 이상으로 중요한 것입니다.

소리 쪽이 영상보다 주체적이다, 고 말하면 조금 이상한 느낌이 들지도 모릅니다. 지금까지의 관념으로서는 당연히 이상하다고 생각할 것이지만, 마음의 움직임이라는 것을 중심으로 생각해 보면, 소리 쪽이 보다 주체적인 것은 이해할 수 있습니다.

건강을 좌우하는 소리의 중요성

토마티스 박사가 발견한 '토마티스 이론'에서는 청력 검사가 가능한 125Hz에서 8000Hz를 3개의 존으로 나누어 각각 인간에게 어떻게 관계하고 있을까를 밝히고 있습니다(이하 '절대 Mozart법'시 노하라요시토시 저, 메거진 하우스 간으로부터 인용).

제1존……125에서 800Hz……저주파 음역
이 음역은 음악이나 댄스에서의 리듬감, 스포츠에서는 몸의 이미지·밸런스 감각, 학습면에서는 시간적 공간적 개념에 관계하고 있습니다. 몸에서는 꼬리뼈부터 복부에 대응합니다.

제2존……800에서 3000Hz……중주파 음역
이 음역은 음악이나 댄스에서는 음정이나 멜로디, 감정 표현,

어학에서는 기억력, 언어에서는 설명력, 사회 생활에서의 커뮤니케이션에 관계하고 있습니다. 몸에서는 복부로부터 경부에 대응합니다.

제3존……3000에서 8000Hz……고주파 음역

이 음역은 음악이나 댄스에서는 예술성이나 적극성, 어학에서는 자음의 청취, 학습면에서는 지력(知力), 생활이나 업무면에서는 기력(氣力)에 관계하고 있습니다. 몸에서는 경부로부터 머리 꼭대기에 대응합니다.

이 토마티스 이론의 매우 흥미로운 주장은 소리는 귀만 관계한 것이 아니고, 마음에도 육체에도 대단히 깊게 관계하고 있다는 것입니다.

이 생각에 근거하여 토마티스 박사는 마음의 상태도 몸의 건강도, 청력 검사로 밝혀진다고 말합니다.

그것에 따르면 낮은 소리를 들으면 하반신이 움직이기 쉬워지고, 높은 소리를 들으면 머리 회전이 빨라지고, 중음을 들으면 호흡이 안정되어 커뮤니케이션에 자신감이 생긴다고 합니다.

청력에는 공기로 전해지는 '기도청력'과, 뼈로 전해지는 '골도청력'이 있습니다. 몸에 관계하고 있는 것이 골도청력입니다. 자신의 뼈로 전해져 들려오는 소리는 자신의 몸에 영향을 미칩니다.

골도청력의 검사 범위는 250에서 4000Hz까지입니다만 이것으로 충분히 몸의 상태를 알 수 있습니다. 골도청력의 감도가 좋은 경우는 건강하고, 감도가 뒤떨어지고 있는 경우는 건강에 문제가 있다고 봅니다.

토마티스 이론에 의하면, 2000Hz의 감도가 다른 음역보다 나빠지고 있으면, 목의 건강을 해치고 있을 가능성이 있습니다.

그렇다면 기도청력은 무엇에 관계하고 있는가 하면 마음의 충동, 감정적인 부분이라고 파악됩니다.

예를 들면, 저음의 감도가 좋은 사람은 생각하기 전에 움직이는 행동파입니다. 중음의 감도가 좋은 사람은 표정이 풍부합니다만, 감정에 끌리게 되기 쉬운 면이 있습니다. 그리고 고음의 감도가 좋은 사람은 두뇌가 명석하고 이성적입니다만, 적극적으로 행동하는 타입은 아닙니다.

기도청력과 골도청력은 어느 쪽이나 감도가 좋을 수록 좋습니다만, 무슨 일이든지 밸런스가 중요합니다. 일부의 주파수의 청력만이 우수한 것보다도 전체의 밸런스가 원만한 편이 안정되어 있다고 토마티스 이론에서는 봅니다.

청력에 의해 그 사람의 마음의 성격, 또, 건강까지 안다는 것은 놀라운 일이죠.

정신의 안정을 가져다주는 소리의 효과

어느 사용자가 이런 기사를 보내주셨습니다. 모차르트(Mozart) 음악을 우범지역에 틀었더니 범죄가 줄어들었다는 기사입니다.

　'(미국 플로리다주의) 웨이스트 팜 비치 경찰서는 금년 4월, 마약 밀매인이 출몰하는 일각에 있는 노후 빌딩 옥상에 스피커를 설치하여 24시간 음악을 계속 틀어놓았다. 이곳은 15년 전부터 총격이나 강도, 마약 매매가 끊어지지 않는 지역이며 바로 전달인 3월에 여행자가 사살된 후에 취해진 조치였다.

　이는 음악을 좋아하는 경찰서장의 발상이었다. 선택된 음악은 모차르트(Mozart)와 바하(Bach), 베토벤(Beethoven) 등이었다. 명곡판 CD 각 한 장과 싸구려 플레이어를 포함하여 들어간 경비는 500달러 정도였다. 이처럼 거리에 음악을 계속 틀어놓은 지 2개월 반이 지난 현재, 모이는 부랑자나 마약 거래자의 수가 현저하게 줄어들었다. 119건의 사건이 일어났던 작년 전반기에 비해 금년은 83건으로 감소해 기대 이상의 효과를 나타내고 있다.' (2001년 7월 12일자 <아사히 신문>).

이러한 효과를 가정에서 얻을 수 있는 것이 디지속 음향 공간입니다. 위 기사는 디지속 음향 공간을 자택의 거실에 마련한다면 가정의 분위기도 크게 바뀐다는 것을 증명하는 것입니다.

세상에는 갖가지 슬픈 사건이 일어나고 있습니다만 음향 공간이 갖추어진 거실은 자연스럽게 가족들의 EQ를 키워주고, 가족들의 마음에 좋은 결과를 가져올 것입니다. 디지속 생활을 실천하면 같은 자연을 봐도 그 자연으로부터 받는 정보량이 많아지는 것을 실감할 수 있습니다.

디지속이론으로 소리의 중요함을 알게 되면 자연히 소리의 은혜, 부부 간, 부모와 자식 간, 그리고 친구끼리 나누는 대화의 즐거움과 재미, 이야기할 수 있는 행복을 느끼게 되어 마음이 풍요롭게 채워집니다. 그 적극적인 마음의 싹을 조금씩이라도 소중히 성장시켜 가는 것이 중요합니다.

디지속에서는 풍부한 감성을 키운다고 말합니다만, 부모와 자식, 부부, 친구 등 사람과의 대화도 포함해서 자연의 생명과 대화를 할 수 있는 것이 아닐까 생각합니다. 자연의 감성이 싹튼 상태로 다양한 학습에 임하면 상당히 속도 빠른 학습이 가능하고, IQ도 눈에 띄게 향상되리라 생각됩니다.

사람을 연구하는 것이 학문 중에서 최고의 학문이고, 사람과 사람이 사귀는 것이 최고의 예술 작품이 된다고들 말합니다. 사람과 자연의 교류 안에서 최고의 감성을 키워 나갑시다.

마음을 "소리"로 표현하고 있는 한자

평상시 아무 생각 없이 사용하고 있는 한자를 잘 보면, 마음을 "소리"로 표현하고 있는 것이 몇 가지 있습니다.

예를 들면 일본어에서는 본심을 [Honne] (本音)라고 표기합니다. 이것은 마음을 '소리'로 표현하고 있는 예라고 생각합니다.

또한 '관음(觀音)보살(菩薩)님'이라는 말도 소리를 백성들의 마음으로 나타내고 있는 말입니다. 천직(天職)의 '職'이라는 글자도 잘 보면 '音'이라고 하는 글자가 한가운데에 들어가 있고 좌측에는 '耳(귀)' 우측의 글자는 '父(아버지)'라는 의미의 한자라고 합니다. 하늘의 아버지(우주)의 소리를 귀로 잘 들어 직업을 찾아낸다고 하는 의미가 있는 것은 아닐까요?

디지털속음청의 학습 프로그램을 이용하면 감성이 풍부하게 되고 더 나가서는 자기 자신의 천직을 자연스럽게 알게 되는 경지에 이르게 됩니다.

소리가 인생을 바꾼 실화

소리가 가지는 가능성을 실감하기 위해서 마지막으로 소리에 의해 뇌가 훌륭하게 각성한 저의 친구 이야기를 소개하겠습니다. 그 친구는 고교시절에 책은 좋아해서 자주 읽고 있었지만, 성적은 밑에서 1, 2번째였다고 합니다.

대학 진학을 목표로 하고 있었습니다만 결국 대학 입시에서 떨어져 1년 재수를 하게 되었습니다. 그러나 입시학원에 다니면서도 그다지 성적은 올라가지 않고 그냥 공부를 계속하고 있었습니다. 그런데 8월 여름 방학에 친구로부터 소니(SONY)의 워크맨을 선물 받아 라이트 재즈를 듣기 시작했습니다. 그랬더니 지금까지 그다지 움직이지 않았던 뇌가 갑자기 움직이기 시작하는 것이 느껴지고 그동안 풀지 못했던 문제도 잘 풀게 되는 등 공부를 잘하게 되었다고 합니다.

8월부터 3개월 지난 11월에 전국의 모의 시험이 있었는데, 그 때에는 무려 전국 5만 명 중 100위 안에 들어갔다는 것입니다. 거의 꼴찌였던 사람이 불과 3개월 만에 도쿄(東京)대학까지 포함한 모든 대학에 들어갈 수 있을 정도로 되었다는 것은 놀라운 일입니다.

'결국, 고등학교의 공부는 3개월만 하면 배울 수 있는 양밖에 되지 않다는 것을 알게 되었고, 지금까지 무엇을 했는지 한심스러웠었다'고 그는 말합니다.

또 머리 회전이 빨라지기 시작한 후로는 문제를 어렵게 푸는 것보다 그 문제를 만든 출제자가 어떤 답을 원하고 있는지 바로 알게 되었다고 합니다. 아무리 어려운 대학이라고 해도 출제 범위는 정해져 있습니다. 어렵게 질문할 뿐이고 무엇을 요구하고 있는지를 알면 간단히 풀 수 있다고 그 친구는 단언합니다.

대학시절에도 재즈 음악을 들으면서 자기 자신도 신기할 정도로 의욕적으로 공부했다고 합니다. 이 친구의 예를 보면 소리가 뇌의 각성에 중대한 영향을 미치는 것을 알 수 있습니다.

디지속으로 다시 한 번
태어날 수 있다

우주 진리의 보고인
잠재의식의 존재를 알게 된다

뇌라고 하면 "우뇌를 개발합시다"라고 하는 이야기가 많은 듯합니다만 더욱 중요한 관점이 있습니다. 그것은 좌뇌와 우뇌를 합해 '천지뇌(天地腦)'라고 하는 생각을 도입하는 것입니다.

이것을 쉽게 이해하기 위해 우리의 뇌가 어떻게 발달해 왔는지를 살펴봅시다. 갓난아기는 어머니의 체내에서 수태하고 나서 탄생할 때까지의 사이에 인류가 걸어온 수십억 년의 발생학적인 과정을 한꺼번에 거칩니다. 지구에 생명이 탄생하고 나서 인간으로 진화하기까지의 과정 역사를 다시 한 번 거치는 것입니다. 그것이 10개월,

즉 40주간의 임신 기간입니다.

태내에 수태된 지 얼마 되지 않은 태아의 모습은 3개월까지는 물고기나 파충류와 비슷하고 그 후는 돼지나 말의 포유류를 닮고, 태어날 때는 인간의 모습이 되어 있습니다. 탄생 후는 천천히 인간으로서의 성장 과정을 걷기 시작합니다. 그리고 '세 살 적 버릇이 여든까지 간다'고 말하듯이, 3살까지 대부분의 기초적인 인간으로서 필요한 것을 몸에 익혀 갑니다.

여기서 중요한 것은 태내에 있는 40주간이라고 하는 기간이며, 이 시간내에 수십억 년이라고 하는 천지창조의 기간을 유사 체험하게 됩니다.

인간에게는 무한의 가능성이 있어 예로부터 '인간은 우주의 축소체이다'라고도 말하여져 왔습니다. 사람은 어머니의 태내에서 우주의 역사를 자기도 모르게 통과하고 있습니다. 자기 자신이 자신감이 없어졌을 때 자신이 우주를 나타내고 있다고 생각하면 자신감을 되찾을 수가 있겠지요.

탄생할 때까지의 과정을 통해 인간의 잠재 의식에는 우주의 진리라고 하는 보물이 가득 찬 창고가 마련되는 것입니다. 그 보물을 어떠한 수단으로 이용할 수 있다면, 누구라도 자신의 내면에 숨겨진 무한의 가능성과 능력에 자신감을 가질 수가 있을 것입니다.

좌뇌, 우뇌와는 다른 차원으로 현재(顯在) 의식과 잠재(潛在) 의식이 있습니다. 그 중 잠재 의식은 수십억 년의 발생학적 지식을 갖춘, 보다 깊은 자신의 마음인 것입니다. 현재 의식은 현실 세계의 욕망을 채우기 위해서 활동하고 있습니다만 잠재 의식은 좀 더 깊은 곳에서 인간으로서의 활동을 하고 있습니다. 선한 마음, 봉사적인 마음도 이쪽에 있습니다.

지능이라고 하는 물을 가득 채운 대양과 같은 뇌, 이것이야말로 잠재 의식입니다. 이 책에서는 현재 의식을 '지뇌(地腦)', 잠재 의식을 '천뇌(天腦)'라고 하며. 이 두 가지를 합쳐서 '천지뇌(天地腦)'라고 부르고 있습니다.

저는 좌우뇌와 천지뇌는 부부와도 같은 것이라고 생각합니다. 좌우뇌는 남녀가 다가가 붙도록 협력하는 관계입니다. 또한 그 남편이나 아내는 인간으로서 눈으로 보이지 않는 마음과 눈에 보이는 몸을 가지고 있습니다. 현실적인 것을 요구하는 몸을 상징하는 것이 현재 의식인 지뇌이고, 보다 깊은 인간으로서의 삶의 방법을 요구하는 것이 잠재 의식인 천뇌입니다.

뇌 안에서 음양 즉 남성과 여성을 대표하는 부부가 서로 협력해서 무엇인가를 생각한다면 우뇌도 좌뇌도 중요하므로 서로 잘 협력해야 하겠죠. 이러한 것을 생각하면 머리를 쓰는 것도 즐겁게 될 것입니다.

'천지뇌(天地腦)' 사이에 있는 장벽

불가리아의 로자노후(Georgi Lozanov) 교수는 카르코후 대학

(University of Kharkov)에 제출한 학위 논문에서 보통 인간의 뇌안에는 암시에 대해 반항하는 장벽이 있어서, 그것이 학습을 어렵게 하고 있다고 말하고 있습니다.

그 장벽으로 박사는 비판적·이론적 장벽, 직감적·감정적 장벽, 윤리적 장벽 등 3가지를 설명하고 있습니다. 그리고 만약 이 학습의 장벽을 무너뜨리게 되면 학습이 매우 편하게 될 것이며 그것을 위해서는 릴렉스와 정신 집중이 필요하다고 설명하고 있습니다.

여기서 알아야 할 것은 인간의 현재(顯在) 의식[=地腦]과 잠재 의식[=天腦] 사이에도 장벽이 있다는 것입니다. 이것은 자신의 머릿속에 마치 한반도의 38선이 있는 것과 같은 것입니다. 남한과 북한의 왕래가 가능한 것은 비무장지대의 38선상에 있는 판문점 뿐이며 매우 좁은 길입니다. 이와 마찬가지로 인간의 천지뇌 사이도 왕래가 어렵고 좀처럼 천뇌(天腦)에 있는 잠재력을 활용할 수 없다는 것입니다.

무한한 가능성을 가지는 잠재 의식은 현재 의식과 분단되어 있으며 활용할 수 없는 상태에 있습니다. 만일 이 장벽이 철폐되어 천지뇌 사이에 자유로운 왕래가 가능하게 된다면 우리의 뇌가 얼마나 많은 기능을 하게 될 것인지 상상을 초월할 것입니다. 인간의 뇌력을 좌우하는 조건으로서 천지뇌 장벽이 있다는 것은 가장 중요한 포인트입니다.

흔히 인간은 소우주(小宇宙)라고도 말합니다만 그 의미는 다양합니다. 디지속 이론에서는 소우주인 인간에게는 우주 규모의 기억 시스템이 주어지고 있다는 것을 의미한다고 생각합니다.

하나의 예를 들어 생각해 보겠습니다. 인간이 왜 다양한 소리에 반응하는가 하면, 인간이 최초부터 모든 소리에 감동하도록 창조되어 있기 때문입니다. 인간의 성대는 개의 "멍멍"으로부터 원숭이의 "캐캐" 소리에 이르기까지 모든 종류의 동물의 울음소리를 흉내 낼 수 있으며, 심지어는 악기의 소리까지도 흉내 낼 수 있습니다.

이것은 인간의 발성 기관이라는 것이 다른 동물들의 발성 기관의 집대성과 같은 것이고, 거꾸로 생각하면 인간의 성대의 일부를 따서 다른 동물들의 성대를 만든 것 같은 느낌이 들 정도입니다.

마찬가지로 인간은 누구나 이 우주에 해당하는 무한한 지식을 주어져서 태어나게 됩니다. 다만, 그 지식은 기본적으로 무의식의 잠재 의식 안에 있으므로 지금까지 장벽이 있어서 좀처럼 현재 의식에 나타나지 않았던 것 뿐입니다.

또한 잠재 의식 안에 있는 무한한 기억 시스템도 이 단계에서는 아직 희미한 지식 이미지밖에 되지 않고 구체적인 이미지로 있는 것은 아닙니다. 그것을 구체적인 것으로 바꾸어 현재 의식 안에 정착시키기 위해서 '기억'이라고 하는 작업이 있는 것 같습니다.

귀는 태내상태로 회귀를 할 수 있어 다시 태어날 수 있다

'소리의 아인슈타인'이라고 말해지는 프랑스의 토마티스(Alfred

Tomatis) 박사가 개발한 '토마티스 방법(Tomatis Method)'에 따르면 귀만은 태내상태로 뒤돌아갈 수 있기 때문에 리뉴얼할 수 있다고 설명하고 있습니다.

특수한 장치를 사용하여 인간의 귀에 8000Hz 이상의 소리만을 들리게 하면, 그 사람은 신기한 감각, 그리운 감각에 사로 잡힌다고 합니다.

그 이유를 토마티스 박사는 '8000Hz 이상의 소리 밖에 들리지 않는 세계는 마치 태내에 있었을 때의 귀 세계와 같다'고 설명하고 있습니다. 즉, 어머니의 태내에 있던 갓난아기(태아)로 돌아간 것 같은 감각이 되는 것입니다.

토마티스 방법을 일본에 소개한 시노하라(篠原佳年) 박사에 의하면 '이 음역만을 듣는 체험은 에너지로 샤워하는 것 같은 느낌이 든다'고 말합니다. 그것은 귀가 태내로 회귀한 상태를 재현하고 있는 것과 같은 것이라고 합니다.

왜냐하면 태내의 양수는 심해와 같아 소리는 고주파밖에 전달되지 않는 이상한 세계이기 때문입니다. 8000Hz 이상의 소리만 들을 수 있는 상태라는 것은 귀에게 있어서는 태내에 있었을 때와 같은 상황이 되어있는 것입니다. 이 구조를 응용한 것이 토마티스 방법이라는 것입니다.

시노하라 박사는 '태내에서 들은 소리의 세계를 다시금 체험한다는 것은 청각 그 자체, 청력 그 자체가 태아였던 무렵의 상태로 되돌아간다'는 것이라고 말하고 있습니다.

즉, 귀가 태내에서 들은 그리운 소리를 생각해 내는 것과 동시에,

귀가 완전히 백지 상태로 되돌아가 다시 태어난 것과 같은 상태가 되어 다시 한 번 귀를 처음부터 만들어가는 것입니다.

귀는 지금까지의 굳어져 버린 상태에서 벗어나 태어났을 때와 같은 유연한 상태가 되어 기성 개념 없이 소리를 알아들 수 있게 됩니다. 바로 귀의 소생, 환생입니다.

이러한 사실은 인간의 가능성을 생각하는 데 있어 몹시 중요한 것입니다.

디지속으로 다시 한번
"태아"로 태어날 수 있다 - 지구 자궁론

디지속으로는 귀뿐만 아니라 뇌력에 있어서도 120일 만에 같은 효과가 나타난다고 하는 결과가 나와 있습니다. '세 살까지 사이에 기초공사가 확실히 되지 않은 채 어른이 된 사람은, 평생 살아가기 어려운 것일까요?'라고 걱정하는 질문을 받은 적이 있습니다. 실은 이러한 걱정을 해소함은 물론, 다시 태어나게 하여 재출발할 수 있도록 만들어주는 것이 디지속효과인 것입니다.

태어나고 난 후 7년간과 태내에서 자란 280일(40주)간에는 대응 관계에 있는 것을 알게 되었습니다. 280일간을 디지속 이론으로 생각하면,

태아의 최초 120일간의 전기(前期) 3단계(40일×3단계=120)와 태

		1	2	3	4	5	6	7
태아 280일	=	40일	40일	40일	40일	40일	40일	40일
유아 7세	=	1세	2세	3세	4세	5세	6세	7세

◄─── EQ성장기 ───►│◄─── IQ성장기 ───►

어나고 나서 3살까지의 기간이 똑같이 EQ적 능력의 성장 기간이고, 대응관계에 있습니다. 또 태아의 다음 160일간의 후기(後期) 4단계 (40일×4단계=160)와 유아의 4년간은 똑같이 IQ적 성장기간으로 대응관계에 있습니다.

이 성장기간의 차이는 태아 교육의 실천적인 면에서 활용되고 있습니다. 현재 성공하고 있는 태아 교육에서 공통되는 것은 수태 후 4개월간(즉 120일)과 5개월째 이후의 태내 교육의 방법에 차이를 두는 것입니다.

간단하게 말하면 최초 4개월간은 애정 중심, 5개월째 이후에는 지혜·지식을 심어주는 내용으로 되어 있습니다. 즉, EQ(애정)의 토대 위에 IQ(지혜·지식)를 길러 가는 시스템으로 되어 있습니다.

'세 살 적 버릇 여든까지 간다'고 말해지는 것은 세 살까지의 애정 양육 기간을 가리키는 것이고, 이 기간에 부모나 가족, 주변 사람들의 사랑을 얼마나 받으며 자랐는가에 따라 그 사람의 근본적인 인간성이 형성되어 버립니다.

또 음악이나 춤, 회화 등도 각각 시작하기에는 적절한 시기가 있어 그것보다 빠르거나 늦으면 안 된다고 말하는 것도 이 구분과

관계가 있습니다.

일본에서는 예로부터 춤이나 악기 등의 연습을 시작하는 데는 한국 나이로 여섯 살의 6월 6일이 좋다고 여겨져 왔습니다.

한국 나이의 여섯 살은 만으로 다섯 살이기 때문에 EQ의 토대가 생겨 IQ교육기의 2년째에 접어들어서 아직 뇌가 굳어지고 있지 않은 시기이므로 새로운 것으로 향하는 호기심이 왕성한 연령입니다. 확실히 적절한 시기라고 말할 수 있을 것입니다.

발레나 스케이트 등 육체의 수련이 필요한 것들도 이 때부터 시작하는 것이 좋습니다. 이러한 기능의 기초 교육은 네 살부터 일곱 살까지의 지성 교육 기간에 해당합니다. 이 시기에 연습했던 것은 무리 없이 몸에 익혀져서 약간의 동작에도 자연스럽게 기본적인 자세가 나타나게 됩니다.

예를 들면, 어릴 때에 일본 무용을 배우면 등골을 펴 중심을 내려 걷는 폼이 몸에 배여 걸음걸이가 예쁘게 됩니다. 이 시기에 기본적인 몸 동작을 습득하면 인사의 자세 등도 아름답게 되고, 평생의 재산이 됩니다. 발레나 그 외의 자세를 중요시하는 체육 기술에도 같은 효과를 기대할 수 있습니다.

이것은 머리로 기억하는 것이 아니고 몸으로 기억하기 때문에 의식하지 않아도 자연스럽게 그러한 동작을 할 수 있게 됩니다. 여기서 말하는 '머리'란 즉 현재 의식(지뇌)의 것이며 '몸'이란 잠재 의식(천뇌)을 가리키고 있습니다.

이것은 이 시기에 기억하기 때문에 몸에 익혀지는 것이며, EQ교육 기간에 IQ교육을 강요하게 되면 몸에 익지 않는 것은 당연하다

고 말할 수 있습니다. 피아노 등을 빨리 배우게 하고 싶어서 일찍부터 가르쳤더니 오히려 싫증을 내어 그만두게 했다는 실패담 등은 가르치는 시기를 잘못 택한 것에 그 원인이 있습니다.

디지속의 학습 프로그램은 EQ성장기간에 맞춰서 40일씩의 3단계로 하여, 총 120일간으로 하고 있습니다. 이 40일의 3단계 기간을 '태아처럼 통과하는' 것에 의해 본래 세 살까지 해야 했던 것을 몇 살이 되어도 다시 할 수 있도록 하는 것이 디지속 시스템입니다. 이 방법이라면 60세, 80세가 되어도 재시도가 가능합니다.

의학적인 증명은 어렵습니다만, 지금까지 체험했던 수백 명의 학습 결과에서는 재탄생(신생)한 것과 같은 효과가 나왔습니다.

나이가 들어 이미 인생의 재시도는 불가능하다고 희망을 버렸던 분들도 재차 자신의 인생을 출발시켜 자격 시험이나 취미 등에 재도전하거나 뇌력(腦力) 레벨을 향상시키고 있습니다.

'지구는 제2의 자궁이다'라는 말이 있습니다. 대기권에 둘러싸여 전리층에 보호된 지구는 하나의 큰 자궁과도 같이 인간을 품어 키워주고 있습니다. 우리는 누구나 엄마 자궁의 바다 속에서 10개월(280일=40일×7단계) 동안 자랐습니다. 그리고 탄생 후에는 지구라고 하는 어머니인 별에서 키워집니다.

제2의 자궁이라고도 말할 수 있는 지구 자궁 안에서, 탄생숫자인 40일을 3회(120일) 동안 다시 한 번 EQ 학습을 함으로써 자신을 재탄생시킬 수 있습니다.

세 가지 방법으로
뇌안의 장벽을 파괴하는 디지속

디지속을 계속하고 있으면 신기한 기쁨이 가득 차오를 때가 있습니다. 그것은 많은 사람들이 체험하는 것입니다만 투명한 푸른 하늘과 초록의 나무들에 둘러싸인 고속도로를 시속 150km정도의 스피드로 쾌적하게 달리고 있는 것 같은 '상쾌함'을 느낀다고 합니다. 속음에 뇌가 따라가고 있는 것에 대해 황홀감을 느끼는 것입니다.

물론 그 느낌에는 개인차가 있습니다만 그 기쁨이란 잠재 의식과 현재 의식 사이의 벽에 조금씩 구멍이 나 본래 인간이 가지고 있는 무한한 가능성(즉, 사랑, 지성, 행동력)이 서서히 현재 의식 쪽에 배어나오고 있기 때문이라고 생각됩니다. 처음으로 그것을 느꼈을 때는 신기한 기쁨의 감각에 사로 잡힙니다.

그 감각이라는 것은 자기도 모르게 의욕이 솟아 올라오는 느낌이거나 지금까지 싫어하고 있던 사람을 왠지 갑자기 '저 녀석도 좋은 녀석이 아닌가'라고 생각되는 감각을 닮았습니다.

잠재 의식과 현재 의식은 흔히 빙산에 비유되기도 합니다. 바다 위에 노출하고 있는 10%가 현재 의식이며, 나머지 바다 속에 잠기고 있는 90% 부분이 잠재 의식이라고 말해지고 있습니다.

디지속에 의해 인간의 잠재 의식이 조금씩 현재 의식으로 배어나옴으로써 본래 사람이 갖춰야 할 사랑하는 마음이 싹트기 때문에 그때까지는 무관하게 생각해 왔던 타인과의 관계가 가깝게 느껴져서 타인도 내 동료가 아닌가 라는 감성이 싹터 옵니다.

디지털속음청 시스템에서는 잠재의식을 막고 있는 장벽을 3가지 방법으로 파괴하는 방식을 제공합니다.

그 3가지 방법을 간단히 소개하겠습니다.

① '자연에 가까운 소리로 뇌를 알파파 상태로 만든다'
자연음이 인간을 치료해 주는 최고의 소리이므로 디지털속음청 훈련중에는 속음청의 소리와 함께 자연음을 동시에 들려 줍니다.

그러면 자동적으로 인간의 뇌가 알파파를 발생하는 상태가 됩니

다. 그 상태로 속음(速音=빠른 소리)을 들으면 자연의 소리가 속음을 소용돌이치는 것처럼 잠재 의식으로 빨려 들어가게 합니다.

② '고속의 자극에 의해 세 살 아이와 같은 부드러운 마음에 스며들게 한다'

속음이 현재 의식과 잠재 의식 사이를 가로막고 있는 벽을 뚫게 하는 도움을 줍니다. 그렇게 하면 현재 의식이 잠재 의식 안에 있는 무한한 보물과 연결되어 현재 의식의 활동이 활발해지기 시작합니다.

디지속에서는 보통 몇 배의 스피드로 소리 정보가 뇌에 들어오기 때문에 통상의 가드가 작동하지 않고 부드러운 부분에 침투하여 세 살 아이에게 교육하는 것과 같은 효과를 낳습니다.

③ '고속으로 많은 기억을 거두어 들인다'

디지털속음청을 들음으로써 천지뇌의 벽을 뚫고 잠재 의식이라고 하는 마음의 대용량 시스템 안에 고속으로 많은 기억을 거두어 들여 정서를 풍부하게 합니다. 마음의 풍부함이 잠재 의식을 보다 개방적인 상태로 유도합니다.

이 3가지 방법이 디지속에 의해 동시적으로 진행됩니다. 본래 어학과 마찬가지로 세 살 정도까지 배워 두면 고생하지 않고 배울 수 있는 것이 많이 있습니다. 육체 연령은 되돌릴 수는 없습니다만 마음을 세 살 정도로 되돌릴 수는 있습니다. 어린 아이가 새로운 것을 발견해 기뻐하며 기억해 가는 모습을 마음에 그리면서 신선한 기분으로 학습해 나가면 좋습니다.

세 살 때는 남들로부터 "이런 것도 모르냐"고 꾸중 듣는 것도 없었습니다. 새로운 것을 기억하면 부모는 '대단해, 대단해'라고 말하고 기뻐해 주셨습니다. 새로운 것을 배울 때에 그러한 마음을 가지고 한다면 흡수력은 전혀 달라질 것입니다.

훈련하면 뇌세포는 증가한다?

뇌는 20세까지 성장하여 피크시의 뇌세포는 140억 개에 이르고 그 후는 하루에 10만 개씩 사멸한다고 말해지고 있습니다. 그렇다면 뇌세포가 제로가 되는 것은 380년 후로 계산됩니다. 성장기간의 20년과 합하면 뇌의 수명은 400년이라는 계산이 될까요.

그러나 뇌세포는 증가한다고 하는 설도 있습니다. 훈련에 의해 뇌세포가 증가하는 것을 증명한 이야기를 여기서 소개해 보겠습니다.

영국에서 런던의 수천 명의 택시 운전수를 대상으로 뇌를 조사했던 실험이 있었습니다. 수십 년간 운전수를 하고 있는 베테랑과 시작한 지 얼마 안 된 운전수의 뇌를 비교한 것입니다.

런던에는 약 2만 3000개의 골목이 있어서 그 곳을 전부 기억해서 지름길로 운전하려면 상당한 기억력이 필요하게 됩니다. 즉 베테랑 운전수는 일을 위해서 필사적으로 뇌 훈련을 하고 있는 것입니다.

이 조사 결과에 의하면 베테랑 운전수와 신인 운전수는 뇌 안의 '해마(海馬)' 크기에서 평균 3% 이상의 차이가 있었다고 합니다. 해마라고 하는 것은 뇌 안에서 기억에 깊게 관계하고 있는 세포 조직입니다. 즉, 뇌는 훈련에 따라서 신경세포를 늘려 기억력을 늘리게 할 수 있다는 것입니다.

또 2002년 1월 27일자 일본 경제 신문의 '사이언스'란에는 매우 흥미로운 기사가 게재되어 있습니다. '뇌의 기능 회복의 힘'이라는 제목으로 게재된 그 기사는 뇌의 일부가 손상되어도 거기서 담당하고 있던 기능을 다른 장소에서 대체하게 된다고 주장하고 있습니다. 즉, 뇌세포는 죽어버리면 재생은 하지 않지만 거기서 잃게 된 기능을 다른 부위가 대신해 회복하는 작용(기능대상)이 있다는

것입니다.

종래까지의 학설에서는 뇌세포는 재생하지 않기 때문에 그 부분의 기능도 회복 불능이라고 생각되고 있었습니다만 아무래도 그렇지 않다는 것이 최근의 학설인 것입니다.

더욱이 그 회복력에는 유아와 고령자 사이에 차이가 없는 것으로 밝혀졌습니다. 다만, 기능 회복에 중요한 것은 '계속적으로 자극을 주는' 것이라고 지적하고 있습니다.

이러한 사실은 과거에 알려져 온 것과는 달리 뇌는 어른이 되어도 성장한다는 것을 가르쳐주고 있습니다. 그 포인트는 계속하는 자극에 있습니다.

생활 속에서 매일 디지속을 이용해서 뇌를 훈련한다면 런던 택시 운전수의 '뇌의 해마'가 증가했던 것처럼 우리도 뇌세포를 늘릴 수 있는 것은 틀림없을 것입니다.

디지속으로 웨르닉케 중추가 성장하기 때문에 머리가 좋아진다

단어가 귀나 눈으로부터 들어올 때 우리는 반드시 머릿속에서 그 단어를 다시 한 번 반복하고 있습니다. 이것은 누구나 무의식 중에 하고 있는 것이므로 별로 의식했던 적이 없을지도 모릅니다만 조금만 주의하여 살펴보면 귀나 눈으로부터 들어온 정보를 머릿속에서 다시 반복하고 있는 사실을 알 수 있을 것입니다.

책을 읽을 때도 남의 이야기를 들을 때도 우리는 무의식 중에 그렇게 하고 있습니다. 이것이 '추창(追唱)'이라는 기능입니다.

우리가 밖으로부터 들어온 정보에 대해서 반응하는 스피드는 이 추창과 깊은 관련이 있습니다. 즉, 우리가 음성이나 문장을 이해할 때 그 이해 속도가 추창속도 이상은 될 수 없다는 게 원칙입니다.

그러므로 처리 속도를 올리려고 생각한다면 우선 이 추창의 스피드업을 꾀하지 않으면 안됩니다. 만약 이 추창의 속도를 빠르게 할 수 있으면 당연히 뇌안에서 행해지는 처리 속도도 확실히 빨라집니다.

추창은 머릿속에서 행해지고 있다고 말했습니다만 좀 더 구체적으로 말하면 그것을 실행하고 있는 것은 대뇌 안의 언어 중추의 하나인 '웨르닉케 중추'라고 하는 뇌신경 조직인 것입니다.

그럼, 이 웨르닉케 중추의 뇌력을 높이려면 어떻게 하면 좋을까요? 일반적으로 속음(빠른 소리)을 들으면 웨르닉케 중추가 성장하게 된다고 말해집니다.

속음을 이용하면 평상시 들을 때보다 몇 배의 스피드로 웨르닉케 중추에 음성 정보를 보낼 수 있습니다. 이것을 계속하면 뇌에 전달되는 음성 정보는 방대한 것이 되고 웨르닉케 중추에서는 귀로부터 이송되어 오는 이러한 음성 정보를 어떻게든지 처리하려고 함으로써 신경세포간의 네트워크를 치밀하게 만들어 나갑니다. 흔히 이 네트워크가 치밀하게 구축된 사람일수록 "재치가 있고, 머리 회전이 빠르다"는 말을 듣습니다.

속음의 효과는 단지 뇌안의 정보처리 스피드를 높여서 머리 회전을 빠르게 하는 것만은 아닙니다. 웨르닉케 중추는 뉴런을 개입시켜 기억야(記憶野), 언어야(言語野) 등의 영역과 밀접하게 연결되어 있기 때문에 웨르닉케 중추의 활성화 영향은 뇌 전체에 퍼져 좋은 결과를 뇌 전체에 가져다 줍니다.

이것이 '범화(汎化)'라고 말해지는 현상입니다. 즉, 속음을 듣는 것을 나날의 생활 속에 도입함으로써 웨르닉케 중추뿐만이 아니고 기억이나 언어에 관계하는 뇌의 신경세포가 전체적으로 많아집니다. 즉, '머리가 좋아지는' 것입니다.

EQ와 IQ의 뇌력 향상의 관계

디지속으로 뇌력개발을 기대하시는 분이 많다고 생각합니다. 지금까지 실로 많은 뇌력개발 상품이 세상에 소개되어 왔습니다만 디지속은 일생의 파트너로서 또 하나의 생활 문화로서 장기간에 걸쳐 활용할 수 있도록 설계되어 있습니다.

자신의 천성(天性)으로서 주어진 뇌력을 정말로 성장시키기 위해서는 마음의 지능지수(EQ)의 토대가 없으면 지성(知性)의 지능지수인 IQ를 100% 활용할 수가 없기 때문입니다.

가설입니다만 EQ와 IQ의 관계를 수식화해서 뇌력의 방정식을 만들면 다음과 같이 될 것이라고 생각합니다.

뇌력 = (EQ)의 자연대수승 × (IQ)
* EQ : 마음의 지능지수(마음의 뇌력 : 열의, 의욕, 희망, 좋은 감성 등)
* IQ : 지성의 지능지수(지성의 뇌력 : 계산력, 분석력 등)

즉, 전체 뇌력은 EQ와 IQ의 곱하기로 표현되고 EQ 쪽은 자연대수의 곱셈이 됩니다. 계산을 간단하게 하기 위해서 자연대수를 3승으로서 계산하여 EQ가 30% 증가하면 뇌력은 1.3의 3승=2.2가 되어 2배 이상의 효과가 나옵니다. 만약 그것이 2배가 되면 뇌력에는 놀랍게도 8배의 효과가 나타납니다.

그런데 IQ 쪽은 30% 증가되어도 단순히 30% 증가의 뇌력 향상밖에 되지 않으며 IQ가 2배가 되었다고 해도 초래되는 향상 효과는 2배뿐입니다. 반대로 열의를 가질 수 없는 경우로 EQ가 만약 1 이하일 경우, 예를 들면 0.9로 했을 경우, 0.9의 3승으로 약 0.7이 됩니다.

이것은 세상에서 아무리 IQ가 높고 우수한 사람이라도 인생의 성공자가 된다고는 말할 수 없다는 것을 의미하고 있습니다. 예를 들면, 초등학교 밖에 안 나와서 IQ가 조금 부족해도 EQ를 키워서 인생에서 많은 성공을 거둔 사람의 이야기도 자주 듣습니다.

따라서 인생을 글로벌하게 성공시키기 위해서는 IQ뿐만 아니라 EQ를 높이는 것이 보다 중요합니다. 마음의 지능지수이기 때문에 잠재 의식이 눈을 뜨면 EQ의 향상이 가능합니다.

디지속 이론에서는 EQ 쪽을 많이 강조합니다만 IQ도 디지속에 의해 발달하는 것이 사실입니다. 일반적으로 IQ에 관해서는 2개월에 20 정도는 올라갑니다. 속음에 대응해 확실히 뇌세포가 많아지기 때문에 당연한 결과라고 말할 수 있겠지요.

다만 알아야 할 것은 IQ만을 키워도 인생에서의 총체적인 성공은 보증할 수 없습니다. EQ의 토대 위에 IQ가 성장해야만 뇌력 전체로써도 큰 성장으로 이어져 잠재 의식이 자동 성공 장치로서 작용해서 당신을 성공으로 이끌어줄 것입니다.

디지속 이론으로는 "마음이 감동을 깊게 느끼게 되면 기억력도 늘어난다"고 합니다. IQ의 향상만을 위해 아무리 공부한다고 해도 EQ를 키우지 않으면 어느 정도 발달은 하지만 한계에 이르게 됩니다.

EQ를 키우면서 IQ적인 뇌력개발을 실시하면 EQ의 발달에 따라 무리 없이 무한하게 키울 수가 있습니다.

나무로 비유하자면 EQ가 뿌리이고 IQ가 가지입니다. 아무리 성적을 올리려고 노력해도 기력이 계속되지 않고 좌절해 결국 실패로 끝나는 것은 뿌리가 없는데 가지를 키우려 하는 것과 마찬가지입니다. 결국에는 영양이 충분히 공급되지 않아 시들어버리고 마는 것입니다.

디지속을 활용해 EQ를 키우는 것을 중심으로 학습하는 방법을 저는 '천음(天音) 교육법'이라고 부르고 싶습니다.

디지속은 당신을 성공으로 이끄는 파트너

인터넷을 통해서 세계가 하나의 가족이 되는 글로벌 패밀리의 시대가 다가오고 있습니다. 뇌의 관점에서 말하면 지구인 전체로 하나의 뇌가 되는 글로벌 브레인(지구뇌)이 되고 있어 국경의 벽, 인종의 벽도 제거되어 모든 인류의 희로애락을 자기자신의 희로애락으로 느끼는 단계에 들어왔다고 생각합니다.

그리고 글로벌이 되면 될수록 로컬적인 일이 소중하게 됩니다. 로컬적인 일들을 소중히 하기 위해 글로벌적인 것이 있다고 하는 편이 맞는 표현일지도 모릅니다. 아무도 흉내 낼 수 없는 개성을 가지고 있는 로컬인 자기자신의 가치가 살아나게 됩니다.

그때 지구 전체를 생각하며 글로벌한 기분으로 디지속을 한다면 지구 전체 안에서의 자기자신의 天性(역할)이 들려오는 것이 신기할 뿐입니다.

디지속에서는 뇌 안의 벽을 부수어 천지 좌우 뇌를 인터랙티브하게 활동시켜 '뇌력 발휘'를 꾀하고 있습니다. 뇌 안의 벽에는 형제 간의 벽도 포함되어 있습니다. 한 사람 한 사람의 뇌 안에서 마음의 벽이 제거되어 어머니의 사랑을 닮은 깊은 바다와 같은 잠재 의식이 눈을 뜨게 되면 사랑으로 채워진 사람이 늘어나고 자연스럽게 세계적인 문제도 해결되어 나가는 것은 아닐까요.

인간은 우주의 축소판이라고 말해지고 있듯이 자신의 주위에서 일어나는 현상은 자신의 마음과 몸의 어딘가에 연동하고 있습니다. 그렇게 느껴지지 않을 때는 그렇게 생각하도록 감성을 콘트롤해 나가면 연동하고 있는 것을 강하게 느끼게 됩니다. 예를 들면 자연속에서 시냇물의 소리를 들으면 자신의 체내에 흐르고 있는 혈류를 느낍니다. 강이 흐르고 있는 마을은 어딘가 모르게 건강합니다. 흐르는 강을 막으면 마을에 기운이 없어집니다. 혈류도 마찬가지입니다.

디지털속음청은 인간의 잠재 의식을 막고 있는 장벽을 깨고 잠재 의식을 눈 뜨게 해서 당신을 자동적으로 성공으로 이끄는 "강력한 파트너"인 것입니다.

어느 사용자가 보내온 감상문에 '디지속을 하면서 뇌세포가 연결되어 가는 모습을 이미지하면 기뻐집니다'고 쓰여져 있었습니다. 이것은 훌륭한 이미지 방법입니다. 인간은 자신이 생각해서 그린 이미지를 따라 성장하게 되어 있습니다. 미래의 이미지를 가능한 한 구체적으로 갖는 것이 매우 중요합니다.

'인간은 자동 성공 장치이다' 머피 박사

잠재의식의 권위자인 머피(Joseph Murphy) 박사는 이렇게 말하고 있습니다.

"인간이라는 것은 잠재 의식이라고 하는 만능 기계를 가지고 있는 한 개의 자동 성공 장치입니다. 그것을 믿으세요. 그러면 틀림없이 당신도 성공한 사람이 될 수 있습니다. 왜냐하면 현재 의식과 잠재 의식이 조화를 이루어 일체가 되었을 때 자기자신 안에 천재성이 나타나 그 무한한 영지에 무한한 은혜가 주어지기 때문입니다."

머피 박사에 의하면 '사람은 누구나 대우주로부터 축복 받은 존재이다'. 이것이야말로 진리이고 그 증거로는 모든 사람에게 무한한 힘을 가진 잠재 의식이 주어져 있다는 것입니다. 그 결과 사람은 누구나 '부유권(富裕權)'을 갖고, 넘치는 재산을 가지고 있는 데 다만, 그것이 어디에 있는지 모를 뿐이라는 것입니다.

저도 그렇게 생각합니다. 잠재 의식 안에는 천지창조, 대우주 창조의 모든 지혜가 저장되어 있는 것입니다.

인간은 잠재 의식에 의해 이 무한한 우주와 연결되고 있습니다. 현재 의식은 이 지상 세계에서 살아가기 위해 필요한 욕망에 지배되어, 눈으로 보이지 않는 무한한 가능성을 묶어버리고 있는 것입니다.

그런데 잠재 의식의 무한한 가능성의 일부가 현재 의식 쪽으로 배어 나오는 것만으로도 자기도 모르게 인생의 도전 의욕 — 열의와 무한한 지혜가 솟구쳐 오는 것을 느낍니다.

자신의 잠재 의식과 대화를 나누면 자신의 좁은 생각에 사로잡히지 않는 글로벌한 성공을 바라고 있다는 응답이 돌아오는 것은 아닐까요?

그러나 유감스럽게도 이 자동적 성공으로 이끌어갈 잠재 의식이 잘 작용하고 있지 않은 것이 현재의 우리들 모습입니다. 잠재 의식의 기능을 방해하고 있는 큰 원인은 앞에서 설명하고 있는 인간의 현재 의식과 잠재 의식 사이에 존재하는 장벽입니다.

우리들 인간은 몇백억 원이나 들어가는 초고성능 컴퓨터를 몸안에 갖추고 있는 것과 마찬가지로 이 장벽만 제거하면 활동하고 싶어하던 잠재 의식이 활발하게 활동하기 시작합니다. 그렇게 되면 잠재 의식에 가득 차 있던 천지창조 이래의 무한한 노하우를 가지는 뇌력이 현재 의식의 활동을 도와주게 됩니다.

머피 박사는 어떤 상황에서도 희망을 가지는 것이 중요하다고 말하고 있습니다.

절망해서는 안 됩니다. 만일 당신이 절망스러운 상황이라고 생각했다고 해도 그것은 현재 의식의 단계에 지나지 않습니다. 잠재 의식이 어떻게 판단하는가와는 다릅니다. 당신의 현재 의식이 어떻게 판단하는지에 관계없이 잠재 의식은 그러한 사태를 절대적으로 정확하게 파악하고 있다는 것을 잊어서는 안 됩니다.

- '머피의 성공철학'에서

이 세상에서는 절망적인 상황에 부딪혀도 절망하지 않은 사람에게만 기적이 찾아옵니다. 왜냐하면 잠재 의식은 주인에게 충실하기 때문에 기적을 믿는 사람에게는 기적의 선물을 전해줍니다. 당신이 지금 아무리 곤란한 상황에 있다 하더라도 당신에게는 당신의 인생에서의 성공에 필요한 사랑도, 지혜도, 재산도 모두가 당신의 잠재 의식안에 파묻혀 있습니다.

디지털속음청에 의해 그것들을 100% 발휘시켜서 당신의 인생을 성공으로 이끌어갑시다. 또한 그 효과를 지적인 관점에서 보면 머리의 회전이 빨라지거나 기억하는 내용이 뇌 안쪽에 축적되어 가는 감각으로 느껴질 것입니다. 뇌 안쪽, 즉 본래라면 세 살부터 여섯 살 사이의 잠재 의식에 축적되어야 할 것이 디지털속음청에 의해 어른이 된 후에도 축적이 가능하게 되는 것입니다.

그것은 디지속의 자연음과 속음의 자극에 의해 잠재 의식과 현재 의식 사이의 벽이 제거되어 잠재 의식의 심오한 곳에 직접 기억되기 때문입니다.

예를 들면, 유아기에 충분한 사랑을 받지 못하고 성장한 사람이라도 어머니와 같은 목소리로 속음을 들으면 어머니의 사랑으로 채워진 것 같은 기분이 들어 부족한 사랑을 충족할 수가 있습니다.

혹은 당신이 경영자라면 쿄세라(京セラ)를 운영하고 있는 이나모리(稻盛) 씨의 경영 특강을 속음으로 들으면 이나모리 씨의 30년간의 땀과 눈물의 결과인 경영 마인드가 잠재 의식안에 심어지게 되어 예전부터 이나모리 식으로 경영했던 것처럼 훌륭하게 경영할 수 있게 될 것입니다.

그것이 인간의 잠재 의식에 들어갈 수 있는 디지털속음청의 효과입니다. 이것에 의해 잃은 인생을 되찾아 본래의 무한한 가능성을 갖춘 인간으로서 다시 살아갈 수 있게 됩니다.

자연음이 인간의 뇌력과
감성을 풍부하게 한다

잃어버린 감동을 주는
그리운 소리의 풍경

인류가 숲 속에서 살던 시간은 인류의 탄생으로부터 현재까지를 계산해 볼 때 99.996%가 된다고 합니다. 인간이 자연과 떨어져 살게 된 것은 그저 0.004%, 불과 수백년의 일인 것입니다.

인간의 감성이 무뎌져 온 것은 99.996% 숲 속에서 살고 있던 인간이 그곳으로부터 나왔기 때문입니다. 누구든지 인생의 기점이 되는 것은 자연과의 깊은 교제이고 그것이 우주의 원리라는 것입니다.

천지 자연은 인간의 '영혼의 교육자'라고 말해도 괜찮을 것입니다. 숲 속에서 살고 있을 때 인간은 부모에게 안겨 있듯이 평온함을 자연스럽게 느끼도록 만들어져 있습니다.

여러분도 어릴 적 비가 내리면 집의 툇마루에 앉아 비 내리는 것을 질리지도 않고 몇 시간씩 보고 있었던 적은 없습니까? 높은 곳에 있는 하늘에서부터 쏟아져 내리는 비. 영원히 그칠 것 같지 않게 연달아 내려오는 무한으로 보이는 빗방울이 땅에 떨어지면 처음엔 그저 한 알의 물방울로부터 시작되어 시간이 지남에 따라 조금 움푹 들어가 있는 곳에 모여들어 '웅덩이'가 되어 갑니다.

그 '웅덩이'가 비가 그친 후 아이들의 놀이터가 됩니다. 마당의 감나무 잎에 내린 비는 하늘부터 직접 지표면에 떨어지는 것이 아니라 감나무 잎이 트램포린처럼 빗방울을 튀겨 지표에 떨어뜨립니다. 그 때 감나무 잎은 보고 있는 사람을 누그러지게 하듯이 적당한 요동을 일으키면서 진동을 반복합니다.

빗방울이 웅덩이에 떨어질 때 '피차'라고 하는 소리가 납니다. 웅덩이가 점점 커져 감에 따라 그 빗소리는 '피차'로부터 '보차'로 음정이 내려 갑니다. 눈을 감고 웅덩이에 떨어지는 빗소리의 높이만 가만히 듣고 있어도 어느 정도는 웅덩이의 크기를 가늠할 수 있습니다.

한여름에는 그 웅덩이 안에 갑자기 청개구리가 나타나서 '개굴 개굴' 울어대어 한층 더 풍치를 자아냅니다. 이러한 정감 넘치는 풍경은 좀처럼 도시 생활에서는 볼 수 없는 것이 되어버렸습니다. 흙 대신에 콘크리트로 덮혀버린 지표에서는 아무리 많은 비가

쏟아져도 웅덩이도 생기지 않고 비 내리는 날에 느꼈던 감동마저
빼앗아 가버렸습니다.

창조의 근원이 되는 자연음

　동양인으로서 최초의 노벨상 수상자가 된 인도의 시성(詩聖)
타고르(Tagore, Rabindranath)는 바다를 포함해 대자연의 훌륭함을
시로 노래하고 있습니다. 타고르가 아니어도 바다를 보면 누구나
시인이 되어버립니다.

　바다의 파도는 대자연으로부터의 "놀자 놀자"라고 하는 손
짓, 모래사장은 어떤 큰 그림이라도 그릴 수 있는 휑하니 넓은
캠퍼스, 그리고 모래는 뭐든지 만들 수 있는 마법의 소재, 아이
들이 놀던 자취는 몇 번이라도 좋아하는 대로 그려도 좋다고
말하는 것처럼, 때가 오면 밀려드는 물결이 깨끗하게 모래땅을
백지의 도화지로 되돌려 준다. 손은 모래의 감촉을, 발바닥은
모래의 느낌을 안다. 발바닥으로부터 오는 자극으로 인하여
내장도 자극을 받아 건강하게 된다. 바다는 창조로 가득 찬
자연의 놀이터. 그곳으로부터 새로운 생명이 태어난다.

　바다의 파도 소리는 각별하고 마치 서라운드 시스템과 같습니다.

상상해 보세요. 앞에 퍼지는 모래사장, 푸른 바다, 수평선, 저쪽으로부터 물결이 쏴 밀려옵니다. 그것은 확실히 파노라마 영상과 서라운드 시스템입니다.

바다에서는 물결 소리와 함께 기분 좋게 날고 있는 바다 새의 울음 소리, 시원하게 부는 바람 소리가 보기 좋게 조화를 이루어 우리 몸속으로 밀려듭니다. 그 소리가 마음을 고양시켜 '마음 속에서 새로운 로고스를 낳아, 창조의 근원이 되는'(타고르) 것입니다.

바다가 아이들이 기뻐하며 놀 수 있게 만들어지고 있는 모습을 그려보면 천지창조의 기쁨에 접하는 듯한 느낌입니다. 그리고 쉴 새 없이 밀려드는 물결 소리가 그 바다의 놀이터를 만드는 중요한 베이스 소리가 되고 있다는 것을 알 수 있습니다.

그 바다에 끊임없이 '놀자'고 보채는 물결 소리가 없다고 상상해 보면 얼마나 외로운 놀이터가 되어버리는지 놀라게 됩니다.

코치(高知) 가쓰라하마(桂浜)의 해변을 걸으면 태평양으로부터 밀려오는 격렬한 물결의 소리가 사카모토 료마(坂本龍馬)라고 하는 인물을 만들어냈다는 것을 느낄 수 있습니다. 확실히 자연의 소리가 인물을 만들어냈구나 하는 생각이 듭니다.

자연음이 생명의 리듬을 만들어준다

이와 같이 자연을 관찰하고 자연과 접촉하면 접촉할수록 우리 인간의 무한한 가능성을 느낍니다.

예를 들면, 디지속을 시작하기 전에는 파도의 형태는 다 같다고 생각하고 있었습니다. 그러나 해변에 앉아 잔물결을 보고 있으면 그 어느 하나도 같은 형태의 물결은 오지 않습니다. 생각해 보면 인간의 그 작은 지문조차 60억 인류 모두가 다르니까 그것보다 아득하게 큰 물결이 같을 리가 없는 것은 당연한 일이겠지요.

바다의 소리도 그렇습니다. 물결의 소리도 모두 같은 것이라고 생각하고 있었습니다만 전부 다릅니다. 바위에 부딪치는 물결 소리, 모래사장에 밀어닥치는 물결 소리, 모든 물결의 소리가 모두 그곳의 정경을 포함한 것이 되어 있습니다.

자연계는 무한합니다. 자연과 접하면 접할수록, 그 무한한 감성을 계승할 수 있는 생각이 듭니다.

디지속 이론에서는 자연계가 가지는 가치로서 다음의 3가지를 들고 있습니다.

① 영구성 − 물결은 끊임없이 밀려들고 새는 쉴새 없이 울고 시냇물은 계속 흐른다.
② 조화성 − 서로의 소리가 겹쳐져도 조화를 이루어 들린다.
③ 생명력 − 보고 있거나 듣고 있는 것만으로 활력을 준다.

자연과 접하면 자연으로부터 이 3가지의 파워를 받아 인간도 영구성, 조화성, 생명력을 가질 수 있지 않을까요? 자연음은 인간의 활동에 '영구성과 조화성과 생명력'의 에너지를 쏟아줍니다. 자연음이 일정한 리듬을 제공해 주어 소리의 에너지로 활동의 활력을 줍니다.

예를 들면 방에 수족관을 두어 작은 물의 흐름을 만들면 작아도 물의 생음악 소리이므로 작은 시냇물이 방안에 흐르고 있는 느낌으로 자연음의 CD를 듣는 것보다도 매우 기분이 좋아집니다.

인간의 몸이 불편해지는 것은 자연계의 리듬과 생활이 어긋남으로 인한 것이 많은 듯합니다. 매일매일 자연의 리듬 안에서 생활하는 것이 건강하고 쾌활하게 활동할 수 있는 기본이 됩니다. 자연의 소리가 방안에 퍼지면 그것이 인간의 심장 소리처럼 하나의 몸의 리듬을 만들어줍니다.

골짜기에 흐르는 물은 골짜기가 마치 커다란 스피커와 같은 역할을 해주어 능선을 걷는 사람에게도 시냇물의 풍부한 소리를 듣게 해줍니다. 그리고 골짜기의 나무나 식물, 새, 곤충도 모두 그 소리를 들으면서 무럭무럭 자라납니다.

이렇듯 자연을 닮은 소리와 모습을 나날의 생활 속에서 느낄 수 있다면 많은 은혜를 받을 수 있을 것입니다. 많은 자연의 소리, 졸졸 시냇물 소리나 장대한 폭포 소리, 그리고 그 위를 기분 좋게 날아다니는 새들의 울음 소리나 가을의 긴 밤을 연주하는 떠들썩한 벌레들의 합창소리, 물결 소리, 바람 소리, 또한 유사 이래 소리에 관심을 가진 선인들이 만들어낸 다양한 악기의 음색 등 여러 가지 소리가 우리의 뇌라고 하는 저장고 속으로 들어가 정감 풍부한 인간을 만들어냅니다.

귀에 들리지 않는 소리의 중요성

최근 귀에 들리지 않는 소리가 인간에게 있어 극히 중요하다는 사실이 밝혀지고 있습니다. 레코드 등의 녹음에서도 실은 그 들리지 않는 부분이 음악의 현장감, 악기의 음색이나 공기감(空氣感), 연주하고 있는 장소의 분위기 등을 표현하고 있다는 것입니다. 실은 사람의 귀에 들리지 않는 부분까지 재생되어 인간은 '감동'과 '평온함'을 느낀다는 것입니다.

인간이 숲에서 생활하고 있었을 때부터 들리던 새소리, 시냇물 소리, 바닷가의 파도 치는 소리에는 인간의 귀에는 들리지 않는 100kHz에 가까운 소리가 포함되어 있는데 인간은 귀뿐만 아니라 뺨, 이마, 그리고 몸 전체의 피부로 이 소리를 듣기 때문에 상쾌한 기분이 되어 '감동'과 '평온함'을 느꼈던 것입니다.

기분이 좋지 않을 때 대자연의 소리를 듣고 있으면 기분이 밝아지는 것은 이 작용에 의한 것이 컸습니다. 자연계와 격리된 현재의 도시 생활에서는 기분이 좋지 않을 때 상쾌한 기분으로 만들어주는 자연계의 소리가 부족합니다.

이러한 현대야말로 자연계의 소리를 되찾아야 할 때라고 생각합니다. 그런데 음원으로서 주류를 차지하는 현재의 CD로는 실은 자연계에서 발생하고 있는 소리가 그대로 재현되지 않습니다.

기술적으로 표현하면 현행의 CD포맷은 '16비트, 리니어 PCM' 이라고 하는 방식으로 디지털로 기록되고 있습니다. 이것은 십수년

전에 최첨단의 기술을 구사해 규격화된 것입니다만 이 방식으로는 아무래도 재생 주파수대역과 다이내믹 레인지가 한정되어 버립니다.

문제는 PCM 방식이 아날로그로부터 디지탈로 변환하는 과정에서 '인간이 거의 알아듣지 못할 것이다'고 생각되는 범위를 잘라내 버리고 기록하고 있는 것입니다.

이렇듯 잘라버린 '인간의 귀에 들리지 않는 부분'까지도 재현해 냈다는 슈퍼 오디오 CD가 제품으로 나오기 시작했습니다만 문제는 해결되지 않고 오히려 자연의 소리 재생면에 있어서는 아날로그의 레코드판보다 못한 것이 현실입니다.

산업이 고도화함에 따라 인간은 눈에 보이지 않고, 귀에 들리지 않는 것은 없는 것으로 생각하고 잘라버렸기 때문에 그 결과 중요한 것들을 잃어버리게 되었습니다.

소리의 세계에서 100kHz 이상의 소리는 귀에 들리지 않는다는 이유로 20kHz까지 제한해 버렸듯이 이와 같은 일이 교육계에서도 행해져 왔습니다. 그것이 평균치 교육입니다. 평균치가 일정 이하의 아이는 눈에 보이지 않는 많은 다른 재능을 가지고 있어도 평가되지 않았습니다.

어느 쪽도 효율만을 뒤쫓아온 공업화 사회의 폐해(弊害)라고 말할 수 있겠지요. 이러한 잘못한 효율주의는 다시 생각해 봐야 할 때가 왔습니다.

토쿄도(東京都) 지사이자 작가인 이시하라 신타로(石原愼太郎) 씨가 쓴 『이제, 영혼의 교육』(光文社 간)은 부제가 '일본의 붕괴를 구제하는 유일한 수단'이라고 되어 있습니다. 거기서 그가 말하고 있는 것은 "이 일본 붕괴를 구제하는 유일한 수단은 유년기부터 청년기에 '영혼'의 존재를 전하는 교육을 게을리하지 않는 것이다. 마음의 교육은 부모 이외는 할 수 없다. 우리 아이의 교육을 남에게 일임하고 있어서는 부모라고는 말할 수 없다. 지식이나 물건을 넘어선 세계의 존재를 부모는 행동을 통해서 전해라"는 것입니다.

이시하라 씨는 "수목의 소리를 듣는 '마음의 귀'를 기르자"라고 말하고 있습니다. "아이들에게도 마음의 눈과 귀를 기울여 자연이 무엇을 말하고, 무엇을 노래하고, 무엇을 요구하고 있는가를 마음의 입, 귀, 눈으로 받아들이게 하라. 즉 파장을 바꾸는 것으로 자연이 보내는 신호를 인간의 말로서 스스로 자신에게 통역해서 받아들이는 습관을 몸에 익히게 하고 또 반대로 인간의 말로 이야기하는 아이들의 마음 소리의 메시지가 자연 측에 파장이 바뀌어서 받아들여진다고 하는 것을 믿게 해야 한다. 바람에 살랑거리는 수목이나 시냇물소리, 반복되는 파도와 자유롭게 대화를 나누게 해야 한다. 남이 보기에 조금 머리가 이상한 것이 아닐까 생각할지도 모르지만 그것이 몸에 익숙해지면 그보다 더 즐거운 일은 없다.”

그밖에도 이 책에서는 ‘한 잎 한 잎을 사랑하는 마음을 기르자’ ‘아이들은 모두 작곡가다’ 등 내가 디지속이론에서 제안하고 있는 풍부한 감성에 대해서 많이 쓰여져 있습니다.

자연음으로 감성이 크게 향상되는 이유

피아노는 악기 중에서도 제일 넓은 음역을 가지고 있다고 말해집니다. 그러나 넓다고 해도 피아노는 7옥타브를 표현하고 있을 뿐이라서 제일 높은 소리라도 4kHz입니다.

평소 생활은 피아노로 말하면 중음 소리로 만족해 버리기 십상입니다. 그러나 맨 위의 건반, 맨 밑의 건반과 같은 소리도 있습니다. 자신이 “어느 소리의 범위에서 생활하고 있을까”를 한번 생각해 보고 그 소리의 범위를 점점 확대해 가면 감성이 향상됩니다.

자연계에는 '번개의 소리'로부터 '눈이 내려 쌓이는 소리'까지 소리의 범위가 넓습니다. 하루의 생활 속에서 그 정도의 범위의 소리를 느낄 수 있다면 매일 감동으로 넘치지 않을까요? 소리는 마음이기 때문에 그러한 소리의 감동을 추구한다면 듣고 있는 소리의 범위와 같이 감동의 폭도 넓어집니다.

건반의 도, 레, 미, 파, 솔, 라, 시는 7음입니다. 검정색 반올림 건반은 1 옥타브안에 도와 레 사이, 레와 미 사이, 파와 솔 사이, 솔과 라 사이, 라와 시 사이에 하나씩 5개가 있습니다. 이것을 7음과 더하면 12음이 됩니다. 전체로는 7옥타브입니다.

소리의 세계를 알고 나서 영상의 세계에 들어가면 영상도 다스릴 수 있다고 합니다. 이벤트의 세계에서 영상 전문가가 음향 업무를 맡으면 잘 해내지 못하지만 음향 전문가가 영상 업무를 맡으면 잘 해낸다는 말이 있습니다. 그것은 소리가 마음, 영상이 몸에 대응되어, 마음인 소리에서는 몸인 영상을 다스릴 수 있기 때문이 아닐까요? 그리고 소리에 7음과 12음이 있듯이 색(영상)에도 7색, 12색의 기본적인 색을 생각할 수 있습니다.

이런 이야기가 있습니다. 눈이 보이지 않는 사람들이 "세토대교(瀬戸大橋)가 완성되었으니 보러 가자"고 했습니다. 어떻게 '보자'고 하는지 이상한 이야기입니다. 그들은 다리 입구에 서서 "아! 정말 큰 다리로구나"라고 서로 이야기를 나누면서 감동하고 있었습니다.

왜일까요? 그 비밀은 소리에 있었습니다. 부딪혀 돌아오는 소리가 다르므로 큰 다리라는 것을 안다는 것입니다. 작은 다리라면 다리 반대쪽의 차량 소리도 들려 오겠지요. 그러나 이 다리에서는 무음 안에서 차량 소리가 일직선으로 들려옵니다. 이쪽으로부터 달려가는 차도 일직선으로 소리가 사라져 갑니다. 다리의 주위에 건물 등이 있으면, 차량 소리가 건물로부터 반사해 들립니다만 그것도 없고, 아래로부터는 단지 웅대한 파도 소리만 들려옵니다.

이 사례는 인간은 소리만으로도 경치를 감상할 수 있다는 것을 가르쳐주고 있습니다. 디지속에 의해 '소리'만으로 감성을 닦는다면 그것에 의한 성장은 늦은 것처럼 생각될지도 모릅니다만 '소리'를 아는 것은 모든 것과 연결되어 있습니다.

감성은 '소리'만으로도 충분히 닦아집니다. 오히려 영상이나 문장 없이 '소리'만으로 감성을 키워나가는 것이 보다 더 풍부한 감성으로 성장하게 됩니다.

뇌 안의 에너지 90%는
소리로부터 만들어진다

토마티스 이론에 '귀는 뇌에 에너지를 조달하고 있다'고 하는 이야기가 있습니다. 귀 기관의 일부가 뇌에 에너지를 보내는 발전기의 기능을 하고 있다는 것입니다. 토마티스 박사의 놀라운 발견에 의하면 뇌는 뇌 안의 에너지의 무려 90%를 귀로부터 조달하고 있으며 혈액 등에서 조달하고 있는 것은 나머지 10%에 지나지 않는다는 것입니다.

또한 '뇌의 에너지가 되는 소리는 고주파'라고 토마티스 박사는 말합니다. 높은 소리를 귀가 즐기면 그만큼 건강하게 된다는 것입니다. 즉, 좋은 소리를 들어서 귀를 개선하고 고주파를 알아들을 수 있게 되면 점점 뇌가 건강하게 되어갑니다.

실제로 아이에게 고주파가 많이 포함되어 있는 소리를 들려주면 안색이 금방 밝아집니다. 또 고령자가 고주파 소리를 듣지 않으면 제대로 말을 할 수 없게 되거나 에너지원으로서의 고주파가 뇌에 가지 않기 때문에 뇌가 급격하게 활력을 잃어갑니다.

은퇴한 노인이 외딴집에 살고 고음이 나오지 않은 주파수 특성이 나쁜 TV를 쭉 보고 있으면 고주파의 에너지를 뇌에 보낼 수가 없기 때문에 노인의 치매가 더욱 진행되어 버립니다. 반대로 뇌가 노화되고 있는 사람이라도 청력을 개선해서 고주파 소리를 들리게 하면 뇌에 에너지가 공급되어 젊어지게 됩니다.

그러니까 귀가 멀어진 노인에게 천천히 말을 건네는 것은 잘못입니다. 느린 저주파의 소리가 아니라 말을 빨리하는 아이의 고음 목소리를 듣게 하는 편이 뇌를 위해서는 좋습니다.

생명력이 넘치는 정글 안의 소리를 들으면 다양한 새나 동물들이 높은 소리로 울거나 외치고 있습니다. 고주파의 소리가 풍부한 느낌이 듭니다. 도저히 인공으로 만들어낼 수 없을 정도로 자연계에는 여러 가지 소리가 존재하고 있습니다. 그러나 우리의 현대 생활 속에 정글을 가져오는 것도 정글 안에 현대 생활을 가져가는 것도 불가능합니다.

디지속으로 고주파＋자연음의 혜택을

그래서 제가 제창하는 것은 집안에 디지털의 최첨단 기술을 도입하여 자연음의 공간을 만들어내자는 것입니다. 이것이 '디지속 생활'의 이미지입니다.

감기로 자고 있는 아이에게 정글의 소리를 30분간 듣게 했더니 건강하게 일어났던 적이 있습니다. '좋은 소리'라고 지금까지 말해 왔습니다만 구체적으로 좋은 소리란 어떤 소리일까요? 인간의 뇌에는 잠재 의식과 현재 의식이 있고 우뇌와 좌뇌가 있습니다. 앞에서도 말한 것처럼 디지속 이론에서는 이것을 '천지 좌우뇌'라고 부르고 있습니다.

좌우뇌를 활성화하여 상호작용이 일어나도록 하기 위해서는 교대로 좌우뇌에 소리가 들어가는 것이 필요합니다. 즉, 스테레오의 소리가 필요합니다.

또한 천지뇌인 잠재 의식과 현재 의식을 활성화하기 위해서는 귀에 들리지 않는 20kHz 이상의 소리와 귀에 들리는 20kHz 이하의 주파수 소리를 함께 듣는 것이 중요합니다.

자연계에서는 보통 100kHz 정도의 소리가 있습니다. 돌고래는 150kHz로 대화를 나눈다고 합니다. 자신의 거실에서 자연의 음향 환경과 같은 20kHz 이상의 소리를 듣는 것은 어렵습니다만 최근의 DVD는 40kHz정도까지 재생이 가능하기 때문에 DVD 쪽이 보다 자연계에 가까운 소리를 낼 수 있습니다.

들을 수 없는 20kHz 이상의 소리가 포함되어 있다면 들리지 않는 곳에서 잠재 의식에 영향을 주고 있다고 생각하면 됩니다.

이 고주파를 포함한 자연음을 속음의 배경으로서 항상 들리게 함으로써 디지속은 자연의 혜택을 충분히 받을 수 있도록 배려하고 있습니다. 이러한 기술적 성공의 뒷받침으로 디지속의 경이적인 효과가 나올 수 있게 된 것입니다.

 자연계의 수리성에 근거한 디지속 프로그램

자연계에 숨겨졌던 놀라운 수리성(數理性)

제3장에서도 언급했습니다만 디지속의 경이적인 효과는 속음청으로 받는 효과만이 아니고 그 독특한 학습 프로그램으로부터 오는 부분도 있는 것 같습니다.

동식물을 포함해서 모든 생물에는 '성장하기 위한 기간'이 필요한 것은 자명의 것입니다. 디지속이론에서는 이 자연계에 공통되는 성장의 과정을 학습 프로그램에 도입하여 자연스럽게 효율적으로 체득할 수 있도록 프로그래밍하고 있습니다.

그 베이스가 되고 있는 사고방식은 자연의 '시간'의 흐름에는 리듬(수리성: 數理性)이 있다고 하는 것입니다. 디지속 강좌에서는 4개월 즉 날짜로 계산하면 120일을 3회로 나누어 40일씩, '호프, 스텝, 점프'로 배우도록 하고 있습니다.

사물의 성장은 3단계를 밟게 되어 있습니다. 숫자의 3은 상·중·하, 육·해·공, 기체·액체·고체 등 상하의 발전을 나타내고 있으며, 역학(易學)의 세계에서는 '하늘의 수'라고 불리고 있습니다.

한번 자신의 오른손을 보십시오. 역학의 세계에서 엄지는 우주를 나타냅니다. 아기가 엄마의 태내에서부터 태어날 때 자궁을 손상시키지 않게 엄지를 다른 4개의 손가락으로 감싸서 태어납니다만 이것은 네 개의 손가락이 우주를 보호하고 있는 것을 나타내고 있습니다.

검지, 중지, 약지, 소지의 네 개 손가락은 2개의 관절이 있어, 3단계로 나누어지고 있습니다. 이것은 3단계를 통해 위로 성장하려는 것을 상징합니다. 네 개의 손가락은 계절에 비유하면 춘하추동을 의미하여, 검지는 봄이며 3개월, 중지는 제일 길어서 여름이며 3개월, 약지는 가을이며, 소지는 겨울을 나타내고 있습니다. 3단계×네 개는 12가 되어 엄지를 제외한 전체로 1년의 12개월을 의미하고 있습니다.

또 오른손의 12와 왼손의 12를 합치면, 오전 열두 시간 오후 열두 시간의 합계 24가 되어 하루의 시간 수가 됩니다. 즉, 사계의 리듬이 자신 몸 안에 "태어나서부터 내재되고 있다"는 것입니다.

<table>
<tr><td>검지</td><td>—</td><td>봄</td><td>3, 4, 5월</td></tr>
<tr><td>중지</td><td>—</td><td>여름</td><td>6, 7, 8월 (제일 길다)</td></tr>
<tr><td>약지</td><td>—</td><td>가을</td><td>9, 10, 11월</td></tr>
<tr><td>소지</td><td>—</td><td>겨울</td><td>12, 1, 2월</td></tr>
</table>

위와 같은 사실은 인간의 몸이 '자연의 시간'의 흐름을 나타내서 만들어진 것이라는 하나의 증거가 아닐까요? '하늘'의 수 '3'에 대해서 '4'는 동서남북의 사방성을 가지는 '땅'을 의미하며 하늘의 수 '3' 더하기 땅의 수 '4'는 '7'이 되어 천지창조의 수라고 말해지고 있습니다.

성서에서 우주는 7일간에 만들어졌다고 쓰여져 있고 아시다시피 1주일의 유래도 여기서부터 나오고 있습니다. 이것을 자신의 생활에 적용시켜 1주일을 자신과 천지를 창조할 수 있는 최소의 사이클 단위라고 생각하면 1주일마다 훌륭한 결과를 남길 수가 있을 것입니다. 덧붙여서 닭이나 비둘기의 알은 21일간 따뜻해져서 부화합니다. 1주일을 단위로 해서 3스텝으로 새로운 생명이 태어나는 것입니다.

40수와 3단계를 기본수로 한 학습 프로그램

그럼 인간의 임신부터 탄생까지의 과정은 어떻게 되어 있을까요?

일반적으로 10개월이라고 말해집니다만 이를 주로 나타내면 40주일이 됩니다. 1주일을 단위로 40스텝을 경과하면 귀여운 아기가 태어납니다.

공자는 '불혹지년(不惑之年): 40세가 되면 망설이지 않게 된다'고 말했습니다만 이 40이라고 하는 수는 벼가 자라는 과정에서도 나타납니다. 모종을 심고 나서 40~50일 정도 자라면 모심기가 시작되고 또한 이삭이 생기고 나서 익을 때까지 역시 똑같이 40~50일이 걸립니다. 임신(수태)으로부터 아기 탄생까지의 280일간은 7일×40주일=280일이고, 디지속이론의 관점에서 보면 40일×7스텝=280일이 됩니다.

아기가 태내에서 안정되는 것은 4, 5개월째라고 말합니다만 디지속 프로그램에서 말하는 40일×3스텝이 끝나면 안정된다고 말하는 것과 일치됩니다. 태아 교육에서는 4개월까지와 5개월째 이후의 두 단계로 나누고 있습니다.

이 40의 숫자를 "탄생수(誕生數)"라고 말하며 40이라는 수를 잘 사용하면 새로운 자신을 탄생시킬 수가 있습니다. 40이라고 하는 수가 우주의 존재와 관련이 있다는 것을 증명할 만한 사례가 있습니다.

그것이 천재 물리학자 폴 디랙(Paul Dirac)의 '대수(大數)가설'이라는 것입니다. '미터, 그램, 24시간 등 지금 사용되고 있는 단위는 지구를 기준으로 생각되고 있다. 국제기준이 있다고는 해도 우주인에게는 통용되지 않는다. 좋다, 그렇다면 우주 전체에 통용되는 단위를 만들자'라고 생각한 폴 디랙은 다음과 같은 사실을 알아냈습니다.

- 우주에서 가장 강한 힘인 전자기력은 가장 약한 중력의 10의 마이너스 40승 배
- 우주의 연령은 양자의 반경을 빛이 횡단하는 시간의 10의 40승 배
- 우주에 존재하는 양자와 중성자의 수는 10의 40승의 2승 배

우주를 관철하는 법칙 안에는 40이란 수가 줄지어 있습니다. 이것들은 어떠한 단위와도 관계없이 우주를 관철하는 절대적 수치입니다. '이러한 일치는 우주론과 원자론 사이에 어떠한 깊은 관련이 있다는 증거이다'고 디랙은 말하고 있습니다.

40이라고 하는 수는 우주의 탄생과 깊은 관계를 가진다는 것입니다. 디지속의 '뇌력전개(腦力全開)' 강좌에서는 인간의 탄생할 때처럼 자연계에서 이용된 40수를 적용해서 40일간을 한 기간으로 해서 3스텝(호프, 스텝, 점프)로 배움으로써 새로운 자신을 탄생시켜 본래 가지고 있는 무한한 가능성을 개발해 나갑니다.

디지속 세트 안에서 제공하고 있는 프로그램은 40일간×3스텝입니다만 이것이 종료된 이후에도 아기의 탄생과 같이 7스텝, 그리고 생애를 이 사이클로 반복함으로써 신선한 뇌를 유지할 수 있을 것이라고 생각합니다.

40일간의 계속되는 기간은 짧기도 하고 길다고도 말할 수도

있습니다만 하나의 기간 중에는 도중에 해이해지는 현상이 일어나
기도 합니다.

3분의 2 정도까지 진행해온 26, 27, 28일 정도가 위험한 곳입니
다. 그곳을 잘 넘기면 40일을 무사하게 끝낼 수 있습니다. 또한
무엇을 하더라도 호프, 스텝, 점프의 3단계, 개발 용어에서는 기획
(企劃), 시작(試作), 양산(量産)의 3단계가 있습니다. 어떤 작은 일을
마무리할 경우에도 이 3단계를 거쳐 일을 진행시키면 틀림없이
좋은 결과가 나타납니다.

1년 동안 일을 하기 위해서 호프, 스텝, 점프의 3단계로 나누면
1년은 12개월이므로 각 단계가 정확히 4개월이 됩니다. 4개월은
1개월을 30일로 하면 120일간이고, 40일로 나누면 정확히 40일
단위의 3단계가 됩니다. 그 기간이 디지털속음청시스템의 학습
스케줄에 채용되고 있는 기간입니다.

1년간의 날짜인 360일을 40으로 나누면 9가 됩니다. 9는 구성학
(九星學)에서 사용되는 유전수(流轉數)의 9이고, 1년간은 40일 단위
의 유전수 9로 돌고 있다는 것이 됩니다.

아기의 탄생 기간은 7일간을 40단계 반복한 280일간입니다만
반대로 보면 40일간을 7단계 반복한 280일간이라고 생각할 수도
있습니다. 어느 쪽으로도 적용할 수 있는 날짜가 인간의 탄생
기간이라는 것에는 신비로움조차 느낍니다. 그래서 디지속 학습에
서도 새로운 자신의 뇌를 재창조한다는 의미로 '40 수'를 이용하고
있습니다.

또한 인간의 몸 전체의 세포가 수개월 간격으로 교체된다고

알려져 있기 때문에 4개월간(40일×3스텝)의 학습 기간 중에 몸 전체의 모든 세포가 새롭게 다시 태어나기도 합니다.

"솔개가 매를 낳는" 지구 자궁론

"솔개가 매를 낳는다"고 하는 예부터의 속담이 있습니다만 그 의미를 사전에서 찾아보면 "평범한 부모가 뛰어난 자식을 낳는 것"이라고 설명되어 있습니다.

우리가 물리 법칙으로 배우고 있는 에너지 보존의 법칙에 따르면 결과는 원인보다 크게 될 수 없습니다. 원인보다 결과가 커진다고 하는 것은 예를 들면, 휘발유를 엔진에 넣으면 휘발유가 가지는 에너지 이상으로 엔진이 계속 돈다고 하는 것과 같습니다. 그것은 우리가 예부터 꿈꾸던 영구 기관이지만 우리의 현실 속에서는 그런 꿈같은 일은 일어나지 않습니다.

그러나 잘 생각해 보면 "솔개가 매를 낳는다"는 말은 원인보다 결과가 커진 것을 의미하고 있는 속담은 아닐까요? 이것은 물리 법칙인 에너지 보존의 법칙을 넘어서는 현상이 인간 생명의 연결 안에서는 일어나고 있음을 나타내는 속담이라고 생각합니다.

제2장에서 다루던 지츠코 스세딕 씨의 태내교육에서는 IQ160 이상의 딸을 네 명 탄생시켰습니다. 이것은 "솔개가 매를 낳은" 것을 의미하는 것은 아닐까요? 통상의 에너지 보존의 법칙으로부

터 생각하면 부모 이상의 지성적인 아이는 태어날 수 없다는 것이 됩니다만 부모 이상의 아이가 네 명이나 탄생한 것이기 때문입니다.

이것을 어떻게 이해하면 좋을까요? 부모가 가지고 있는 것(원인)에 우주(자연, 신)로부터의 에너지가 플러스되었다고 생각하면 어떨까요? 즉, 유전자 등의 원인에서는 부모와 같거나 혹은 이하가 되야 하지만 생명의 탄생 시에 눈으로 보이지 않는 '애정'이 주입되었다면 그것이 물리적인 원인 이상의 결과를 낳게 한 것이라고 생각됩니다.

디지속에서는 120일간 즉 탄생수 40일간을 세 번 계속함으로써 새로운 생명(풍부한 감성)이 탄생한다고 이야기합니다. 이것은 알기 쉽게 말하면 "솔개가 매를 낳는다"고 할 수 있는 현상이라고 생각합니다. 이는 참으로 희망적입니다. '솔개인 내가 매가 될 수도 있다'는 것이니까요.

 디지속은 어학 습득의 최적 도구

디지속은 어학 학습에서
최대 효과를 발휘한다

외국어를 배우려고 할 경우에 귀의 중요함, 청각의 중요성을 생각해 본 적이 있습니까? 중학교, 고등학교에서 6년간, 대학에서의 학습 기간까지 넣으면 10년간 영어를 배우면서 그래도 이야기할 수 없는 것은 바로 귀 탓이라고 말하면 놀라실 것입니다. 그러나 우리가 상식에 속고 있는 것도 많습니다. 일본어는 수kHz 정도 사이의 주파수밖에 말하지 않는데 대해 영어는 10kHz의 주파수까지 필요로 합니다.

영어를 알아들 수 없는 것은 일본어용으로 굳어져 버린 귀로 영어를 들으니 실은 소리가 들리지 않기 때문입니다. 이 때문에 영어를 배우려면 영어의 소리를 아는 귀를 만들면서 공부할 필요가 있습니다.

영어를 가르치는 선생님조차도 이 사실을 모르고 있는 사람이 많은 것이 현실입니다. 이렇듯 청각기관에 대해서는 뒤로 미루어둔 채 언어학습에 대해서 논할 수는 없습니다.

제3장에서 말한 것처럼 귀는 다시 태어날 수가 있습니다. 토마티스 박사는 귀가 그 사람이 사용하는 모국어용으로 굳어져 버린 사람도 태어났을 때의 귀로 되돌릴 수 있는 방법을 찾아내 토마티스 요법으로 확립했습니다. 일본에서도 그러한 치료를 해주는 '토마티스 센터'가 있습니다.

이것과 같은 효과를 디지속으로도 낼 수가 있습니다. 생활 속에서 효과가 나올 때까지의 기간은 치료보다 시간이 더 걸릴지도 모르지만 고음으로부터 저음까지 소리가 잘 나오는 음향 시스템을 이용해 고주파로부터 저주파까지 포함되어 있는 음악을 날마다 들음으로써 일상생활 속에서 귀를 개선시킬 수 있습니다.

이 관점에서 말하면 디지속효과를 발휘하는 최대의 응용 분야는 어학 학습이라고 말할 수 있겠지요. 종래 일본의 영어 교육은 헤엄치는 방법을 이론적으로 가르치는 것으로 실제로 풀장에 들어갈 수 없는 것과 같습니다.

귀는 정확한 소리를 듣지 않았다

왜 영어의 소리를 알아들을 수가 없는 것인지는 귀의 기능으로부터 생각해 보면 알 수 있습니다. 귀를 구조적으로 보면 외이(外耳), 중이(中耳), 내이(內耳)의 세 부분으로 나눌 수가 있습니다. 귀의 3개 부분은 외이에서는 공기 진동을 전하고, 중이에서는 그것을 뼈의 전도로 변환시키고, 내이에서는 전기적인 신호로 변환해서 뇌에 보내고 있습니다.

일반적으로 귀는 단순히 이와 같이 음파를 전기적 신호로 변환시켜 뇌로 보내는 기관으로 인식되어 있는 것 같습니다. 그러나 귀는 좀더 복잡한 기능을 가지고 있는 기관입니다.

귀는 정확한 소리를 듣고 있지 않다고 말하면 자신의 귀는 뭐든지 잘 들리고 정상적이라고 생각하고 있던 사람은 놀랄지도 모릅니다만 귀에는 '스크리닝'이라는 기능이 있어 불필요한 소리는 들리지 않도록 되어 있습니다.

예를 들면, 어릴 적 부모로부터 듣고 싶지 않은 매우 심한 욕을 들어 그것은 듣고 싶지 않다는 트라우마가 있다면 그것에 대응되어 "듣고 싶지 않은 주파수 부분"의 청력이 떨어지는 경우가 있습니다. 이는 매우 중요한 부분이라서 의학박사의 시노하라(篠原佳年) 씨가 쓴 『Mozart 요법』이란 책에서 인용해 보겠습니다.

예를 들면 스트레스의 원인이 어머니의 너무 엄격한 예의범절에 있었다고 하면 어머니 목소리의 주파수에 대해 소리의 필터를 마련해 버리고 이후에는 그 소리가 들려와도 들리지 않는 구조의 귀가 되어 버립니다. 이것이 '보신 귀(=귀 보호)'입니다. 듣고 싶지 않은 소리에 커튼을 당겨 마스크를 해버리는 것입니다.

특히 어릴 적의 스트레스는 성인이 되는 과정에 큰 영향을 미칩니다. 가정환경은 매우 중요합니다. 토마티스 박사에 의하면 예를 들면, 어머니와 적대 관계에 있는 아이는 의도적으로 어머니의 발성역인 고음 지각을 잘라버리는(소리에 커튼을 당긴다) 것에 의해 지각상에서 어머니와의 적대 관계에서 해방될 수 있다고 합니다. 이때 어머니라고 하는 존재는 아이의 우뇌에서 우위에 인식되기 때문에 그 증상은 뇌에 대응하는 왼쪽 귀에 나타납니다. 중이염에 걸리는 아이는 이러한 상태를 보이는 경우가 대단히 많습니다.

또한 자신을 재촉하며 큰소리를 내는 고압적인 아버지에 대해서는 아버지의 음역을 단호하게 차단함으로써 도피합니다. 아버지와 커뮤니케이션을 하지 않게 되는 케이스는 심각합니다. 다른 어른들과의 커뮤니케이션에도 소극적으로 되어 버리기 때문입니다. 이는 좀더 악화되면 언어상, 문필상, 독해력상의 곤란함으로까지 이어져 부친으로 상징되는 미래에 대해서 꿈을 가질 수 없게 되는 경우도 있습니다.

이와 같이 귀는 단순한 소리를 듣는다고 하는 것 이상으로, 인생을 좌우할 정도의 중요한 역할을 하고 있습니다. 그리고 여기서 '귀의 관문' 역할을 하고 있는 것이 바로 중이인 것입니다.

이 '귀의 관문'은 언어 능력에 있어서도 극히 중요한 기능을 하고 있습니다.

토마티스 박사는 태어났을 때 온 세상의 어느 아기도 모든 소리를 알아들을 수 있는 완전한 귀 능력을 가지고 있다고 말합니다. 즉 태어난 지 얼마 안 된 귀는 모든 언어를 이해할 수 있는 귀를 가지고 있기 때문에 일본인의 아기라도 미국에서 태어나면 영어를 자연스럽게 몸에 익혀 말하기 시작하며 네 개 외국어가 일상어로서 사용되고 있는 곳에서 태어나면 누구라도 자연스럽게 다언어를 구사할 수 있는 사람으로 성장할 수 있습니다.

여섯 살 정도까지는 모든 언어에 적용할 수 있는 유연한 귀이지만 여섯 살부터 아홉 살까지의 사이에 태어난 나라의 언어 환경에 맞는 귀로 중이가 굳어져 버린다는 것입니다. 여섯 살까지 영어를 배워 두는 편이 좋다고 말하는 이유는 여기에 있습니다.

이것은 듣고 싶지 않은 소리를 듣지 않는다고 하는 것이 아니고 보다 효율적으로 귀를 일하게 하기 위해서 대응역을 한정하기 때문에 일어나는 현상입니다. 일본의 환경에서 자라면 일본어의 소리를 보다 알아듣기 쉽도록 '일본어 귀'로 만들어집니다. 그 때문에 그곳으로부터 벗어난 영어의 소리는 알아듣지 못하게 되는 것입니다.

모음이 중심으로 되어 있는 일본어의 음성은 1500Hz까지의 주파수로 구별하고 있습니다. 그에 비해 자음이 중심이 되어 있는 영어는 2000Hz 이상의 주파수로 구별을 하고 있습니다. 그러니까 언어의 귀가 굳어져 버린 다음에는 일본인은 영어의 소리를 들을 수 없는 귀가 되어 버리는 것입니다.

이것이 일본인이 영어를 배울 때 최대의 장애인 것입니다.

디지속으로 경이로운 청취력

최근 베스트셀러가 된 『영어 공부 절대로 하지 마라!』에도 쓰여
져 있는 것입니다만 영어가 완전히 들린다는 것은 의미를 이해한다
혹은 이해할 수 있다고 하는 것이 아닙니다. 음성이 모두 선명하게
들려 발음, 단어, 문장이 모두 하나도 남김없이 명료하게 파악할
수 있다고 하는 것입니다.

그 안에 의미를 모르는 단어가 있다고 해도 그것은 스펠링이
확실치 않을 뿐 발음으로서는 알아듣고 있는 상태를 말합니다.
그러니까 그 소리를 스스로 명료하게 발음할 수 있다는 뜻이기도
합니다. 영어의 소리를 알아들어 그 소리의 재생 능력이 몸에
습득되어 있는 것이 '완전히 들린다'고 하는 상태라고 말할 수
있습니다.

어학 학습에서도 아기가 음성만으로 말을 기억해 나가듯이 언어
는 소리만으로도 배워서 사용할 수 있습니다. 어학은 모든 지식을
획득하기 위해 없으면 안 되는 도구라고 생각합니다. 일본어밖에
모르면 60억 인류 안의 1억 명의 사람밖에 사귈 수가 없습니다.

디지속 '뇌력전개'로 감성을 닦아 소리에 대해서 민감하게 되면

소리를 그대로 받을 수가 있고 뇌도 고속으로 회전하게 됩니다. 이러한 상태에서의 어학 학습은 지금까지와는 전혀 다른 학습 효과가 나올 것입니다.

여러분들도 체험해 보시면 자신도 모르게 어느 새 상당한 청취력이 갖춰져 있고 게다가 그것을 발음할 수 있는 자기 자신에게 놀랄 것으로 생각합니다.

또한 본인의 경험으로부터 추천하고 싶은 것은 AFKN, CNN 등의 영어 생방송을 듣는 것입니다. 살아있는 영어를 듣는 것은 어학 학습에는 매우 소중한 일이며 위성방송이라면 음질이 매우 좋아서 더욱 좋습니다.

이 때문에 소리를 출력하는 스피커를 고음이 잘 나오는 좋은 스피커에 연결한다면 뉴스를 듣고 있는 것만으로도 8kHz 이상의 소리로 뇌에 에너지를 받고 있는 느낌이 듭니다. 뉴스를 듣고 활력이 나온다는 것은 옛날에는 생각할 수도 없었습니다만 그러한 음향으로 들으면 뉴스를 들어도 활력이 나옵니다.

언어는 원래 말밖에 없었고 문자는 나중에 발명된 것입니다. 문법이 생긴 것은 17, 18세기 무렵의 일입니다. 우리는 그 문법에 좌지우지되면서 중학교 시절부터 외국어를 잘못 배워 왔다고 생각합니다. 영어는 보통 이야기하는 것만이라면 영문법은 몰라도 됩니다. 그것은 한국 사람이라면 한국어 문법을 몰라도 읽고 쓰기에는 거의 지장이 없는 것과 같은 이치입니다.

소리 → 문자 → 문법. 이것이 언어의 올바른 학습방법의 순서입니다. 소리로부터 들어가기에는 디지속보다 좋은 언어 습득 도구는 없습니다. 말을 자유롭게 알아듣고 구사할 수 있게 되면 다른 어떤 분야에서도 대응해 나갈 수 있다는 자신감이 솟아날 것입니다. 어학 학습은 디지속의 핵심 분야입니다.

디지속 어학 학습의 3대 효과

어학 학습이라고 하면 트로이의 유적을 발견했던 쉬리맨을 떠올리는 사람이 많을 것입니다. 쉬리맨은 『고대에의 열정』이라고 하는 자서전에서 어학 학습의 방법에 대해서 쓰고 있습니다. 그 사람이야말로 다언어 학습의 원조라고 말해도 괜찮을 것입니다.

트로이 전쟁의 이야기를 그림책으로 읽은 소년 쉬리맨은 아름다운 고도(古都)가 반드시 지하에 파묻혀 있다고 믿고 그것을 발굴하기로 결심합니다. 오랜 세월에 걸쳐 맹렬한 면학과 경제적 고투를 거쳐서 마침내 혼자서 트로이의 유적을 발견, 어릴 적 꿈을 실현하게 됩니다.

어떠한 환경에서도 자신의 목표와 희망을 잃지 않고 계속 노력한 의지와 열정의 사람이 쉬리맨이었습니다. 그의 학습 방법은 시간이 날 때마다 걸으면서 음독(音讀)하는 방법이었습니다. 같은 문장을 몇 번이나 음독합니다. 게다가 그것을 앉은 채로 하는 것이 아니고 걸으면서 했습니다. 방안에서나 산책중이라도, 혹은 업무 중에도, 언제나 서거나 걷거나 하면서 중얼중얼 암송하고 있었다고 합니다.

그는 이 방법으로 고대 희랍어를 비롯, 몇 개의 외국어를 마스터 했습니다. 쉬리맨의 위대함은 그가 사업가로서 성공한 중년 이후에 어학을 습득해 냈다는 것이겠지요.

쉬리맨의 최초 외국어 학습에는 6개월간이 필요로 했습니다만 다음 외국어부터는 약 6주간에 하나씩 외국어를 마스터해 마지막에는 22개의 외국어를 구사했다고 알려지고 있습니다. 약 6주간이라고 하는 것은 디지속이론적으로는 약 40일간입니다.

그러나 쉬리맨의 시대에는 디지속이 없었기 때문에 이런 격렬한 노력이 필요했던 것일지도 모릅니다. 디지속에서는 이렇게 필사적으로 안 해도, 좀 더 간단하게 어학을 습득할 수도 있습니다. 왜냐하면 디지속으로 어학 학습을 한다면 다음 세 가지 효과가 있기 때문입니다.

첫 번째는 영어를 알아듣는 '영어 귀'가 완성되는 것.

두 번째에는 고속의 소리를 듣고 있으면 영어의 속도 빠른 말도 소리가 멈춘 것처럼 천천히 들리게 되는 것.

세 번째로 효율적인 반복 연습을 할 수 있다는 것.

1000시간의 히어링 교재가 있다고 하면 네 배속으로 들으면 250시간으로 들 수 있고, 1000시간을 사용한다고 하면 네 번이나 반복해서 들을 수 있게 됩니다. 같은 시간을 사용한다면 네 번 반복해서 돌려주는 편이 기억의 정착에 좋을 것입니다.

이상의 세 가지 효과로 어학 학습이 정말로 편안하고 즐겁게 됩니다. 디지속은 어학 학습의 최고의 도구라고 말해도 좋을 것입니다. 『입시에 나오는 영어 단어』 등의 베스트셀러를 낸 단어의 명인인 나가사키 겡야(長崎玄弥) 씨는 이렇게 말하고 있습니다.

"제가 과거, 영어단어를 기억하는 데 고생하지 않고 사전 세 권에 상당한 25만 개 단어의 영어단어를 기억할 수 있었던 비결은 자연의 법칙에 맞춘 단어의 기억법을 힘써 해왔기 때문입니다."

매년 1만 개씩 영어단어를 기억해 갔다고 하는 나가사키씨의 기본 정신은 '인간은 무한한 기억력을 가지고 있다. 기억에 제한을 두지 않는다'고 하는 것입니다.

몇 천 단어를 기억하는 것은 불가능한 일이라고 생각하는 마음의 장벽을 만들지 말고 무한하게 기억해 나갈 수 있다고 생각하는 이 사고방식은 디지속으로 기억해 나가는 경우에도 기본적인 자세가 됩니다.

7 첫 공개,
사상 최강의 입시 학습법

입시공부의 왕도
'덧쓰기'에 최적한 디지속

디지속을 입시공부에 응용하는 포인트의 하나는 '덧쓰기'에 있습니다. 여기에서는 대학입시를 중심으로 이야기하겠습니다만 이 방법은 고등학교나 중학교 입시, 혹은 각종 자격시험 등을 포함한 모든 필기시험에 응용할 수 있다고 생각하시면 됩니다.

물론 학교 시험에서도 충분히 통합니다. 수학과 같은 특수한 과목을 제외한 지식과 독해력을 필요로 하는 모든 필기시험에는 그대로 적용할 수 있습니다. 왜냐하면 대학 입시든 고등학교 입시든 혹은 그 외의 자격시험이든, 필기의 시험이라는 것은 결국 암기이기 때문입니다. 좀더 나아가 암기라는 것은 결국 덧쓰기입니다. 즉 같은 것을 몇 번 반복할 수 있느냐 라는 것입니다.

이때 문제는 시간입니다. 일생에 걸쳐서 계속 읽는 것이라면 교과서나 참고서를 그야말로 몇백 번이라도 몇천 번이라도 읽을 수 있겠지요. 그렇지만 입시는 시간과의 싸움입니다. 주어진 시간은 한정되어 있습니다.

'빼곡하게 정보가 담긴 교과서나 참고서를 어떻게 하면 단시간에 끝까지 읽고 또 그것을 반복해서 외울 수 있을까?'

입시나 시험의 최대 테마인 '한정된 시간 내에서의 덧쓰기'에 가장 적합한 것이 바로 디지속인 것입니다. 디지속은 아마 그것을 실행하는 사람의 예상을 아득하게 뛰어넘는 엄청난 효과를 발휘해 줄 것입니다. 왜냐하면 시간을 보다 효율적으로 사용하려고 생각한다면, 즉 단위시간당의 지식 흡수력을 강화하려고 한다면 집중력을 보다 높이지 않으면 안 되기 때문입니다.

디지속은 이 점에서 믿을 수 없을 정도로 집중력의 강화에 도움이 됩니다. 입시공부라는 것은 그 자체가 고도의 정신노동이지만 공부 이외로도 입시로부터 오는 압박감에 의해 입시생의 정신은 상당히 무거워 쉽게 지치게 됩니다.

이 때문에 더욱 중요한 것이 정신적인 여유입니다. 디지속을 사용하면 그것을 사용하지 않는 경우에 비해 입시공부가 순조롭게 진행되어 정신적으로도 안정되기 때문에 다른 사람보다 여유를 가지고 시험에 임할 수가 있습니다.

배속으로 강력하게 이끄는
입시공부의 페이스메이커

대학입시, 특히 인문계 과목은 '그 과목에 대해서 얼마나 정보량을 가지고 있는가'에 따라 승패가 결정된다고 해도 과언이 아닙니다. 따라서 어떻게 하면 정보량을 늘릴 수 있는지에 대하여 세상에는 실로 다양한 '학습법'이나 '기억방법'이 소개되고 있습니다.

연상에 의한 것, 소리 맞댐에 의한 것, 뇌의 최면 상태를 이용하는 것 등. 교육 기기의 히트 상품 중에는 몇 번이나 반복해서 읽는 자신의 목소리를 특수한 방법으로 듣게 하는 것으로 기억을 강화시키는 것도 있습니다.

이러한 기억법이나 학습기구는 모두 그 나름대로 심리학적인 증명이 있는 것이고 어느 정도의 효과를 기대할 수 있는 것입니다.

그런데 이들 기억법에는 치명적인 결점이 있습니다. 그것은 이들 기억법의 대부분이 입시 과목을 암기하려고 하는 사람에게 너무나 고도의 더욱이 능동적인 집중력을 요구한다는 점입니다.

따라서 그 암기법을 마스터하거나 혹은 그러한 기구의 사용을 계속하려면 상당한 노력이 필요합니다. 때문에 단단히 마음 먹고 시작하지 않으면, 그리고 그 결의가 일정기간 지속되지 않으면 큰 효과를 얻을 수 없다는 것입니다.

그러나 디지속에서는 교과서나 참고서 등을 한번 음독하여 '디지속 레코더'(컴퓨터 어플리케이션 소프트)로 녹음해 버리면, 그 후는 몇 번이라도 속음으로 들을 수가 있습니다. 이것으로는 시험 직전의 복습 때에도, 몇 배속이나 고속으로 들으면서 시험범위의 내용 확인을 할 수 있습니다.

만일 강의의 내용을 녹음하게 되면 PC에 녹음기를 연결시켜서 디지속 레코더로 데이터를 옮겨 속음으로 들을 수도 있습니다. 강의를 몇 번이나, 게다가 속음으로 들을 수 있으므로 상당히 효과적입니다.

디지속은 자연스럽게 의욕도 생기고 뚜렷한 효과를 체감하면서 실행할 수 있다고 하는 점에서 획기적인 학습법이라고 말할 수 있습니다. 디지속을 학습법으로서 보았을 경우 다음과 같은 특색이 있습니다.

하나는 속음에 강력하게 끌려가듯이, 말하자면 '수동'적인 자세로 손쉽게 많은 것을 암기할 수 있게 되는 점입니다. 학습자가 암기하려고 집중력을 가지고 임하는 것이 아니라 디지속 쪽이 페이스메이커가 되어 이끌어가면서 반대로 듣는 사람에게 집중력을 만들어줍니다.

그러나 뭐니뭐니 해도 디지속의 최대 특색은 그 배속성에 있습니다. 즉 암기에 필요한 시간을 2배속이라면 반, 3배속이라면 3분의 1로 단축해 주는 것입니다. 디지속에서는 10배속까지 속음이 가능하기 때문에 놀라울 정도로 시간이 단축됩니다.

지금까지의 기억법은 대부분 시간이라고 하는 개념을 거의 고려하지 않았습니다. 암기에 필요한 시간을 단축하려는 의도는 희박했습니다. 그런데 디지속에서는 듣는 사람의 집중력을 높임으로써 암기에 필요한 시간을 단축하는 실로 획기적인 효과를 가지고 있습니다.

두꺼운 교과서를
불과 두세 시간 만에 읽을 수 있다!

예를 들어, 국사의 경우를 들어서 생각해 봅시다.

전형적인 암기 과목입니다. 많은 종류의 많은 참고서가 돌아다니고 있습니다만 역시 교과서가 기본인 것에는 변함이 없습니다. 교과서를 마스터 하는 것이 합격의 최저 조건이 됩니다.

그러니까 입시 당일까지 '교과서를 몇 번 읽을 수 있을까'라고 하는 것이 승패의 갈림길이 됩니다. 왜냐하면 암기라고 하는 것은 결국은 반복이기 때문입니다. A라고 하는 사실을 어느 사람은 한 번으로 기억할지도 모릅니다만 어느 사람은 열 번 걸릴지도 모릅니다. 그렇지만 몇 번씩 반복하면 마지막에는 어떤 사람이라도 어떤 내용이라도 기억해 버릴 것입니다.

게중에는 한 번 읽으면 어떤 내용이라도 기억해 버리는 천재가 있을 수도 있지만 보통 학생이라면 교과서를 마스터 하기에는 몇 번이나 교과서를 읽고 그 내용을 빠짐없이 암기해야 합니다.

두꺼운 교과서를 입시 당일까지 도대체 몇 번 읽을 수 있을까요? 300페이지 이상이나 되는 두꺼운 국사의 교과서를 단번에 읽으려고 하면 적어도 다섯 시간에서 여섯 시간은 걸립니다.

역사 소설과 달리 국사나 세계사의 교과서는 아시다시피 내용이 단조롭습니다. 게다가 한 줄 한 줄, 한 단어 한 단어를 기억해야 하기 때문에 300페이지의 교과서를 단번에 읽기 위해서 필요로 하는 시간과 노력은 대단한 것입니다.

역사를 아주 좋아하는 사람이 아니라면 단번에 읽어버리려던 '야심'은 곧바로 좌절하고 맙니다. 만일 당신이 굉장한 인내력의 소유자라고 가상해 봅시다. 그리고 교과서를 '단숨에 읽기'를 할 수 있었다고 합시다. 하지만 정신적인 긴장을 다섯 시간이나 여섯 시간 지속하는 것은 역시나 어려운 일입니다.

집중력의 한계에 딱 맞는
디지속 학습법

인간의 집중력이 지속하는 것은 90분에서 120분이 한계로 알려져 있습니다. 때문에 연속 여섯 시간 들여서 교과서를 다 읽었다고 해도 머리에는 거의 아무것도 남아있지 않고 무엇을 위해 두꺼운 교과서를 읽었는지 모르게 되어 버립니다.

귀중한 공부 시간만 헛되이 허비해 버린 꼴이 됩니다. 이런 방법으로는 몇시간 해도 영광은 얻을 수 없습니다. 그런데 디지속이라면 반, 혹은 3분의 1의 시간에 교과서를 읽을 수 있습니다.

여섯 시간 걸리는 것이라면 세 시간 또는 두 시간이면 됩니다.

'교과서를 세 시간에 읽을 수 있다!'라고 말해도 선뜻 믿어지지 않을 것입니다. 정확하게 읽으면 여섯 시간 정도 걸리는 것을 절반의 세 시간에서 3분의 1인 두 시간 만에 읽어 버리려고 하는 것이니까요.

그러나 그 정도에서 멈추지 않습니다. 디지속을 함으로써 뇌력이 높아지므로 4배속 정도까지는 편하게 알아듣고 내용을 이해할 수 있기 때문에 그렇게 되면 1.5시간에 한 권의 교과서를 끝내는 일이 가능하게 됩니다. 1.5시간이라고 하는 것은 90분, 즉 인간의 집중력이 지속되는 시간 내의 일입니다. 한편 디지속 없이 여섯 시간으로 읽는다는 것은 집중력의 문제로 실제로는 무리입니다. 이틀에 걸려 열 시간이라고 하는 편이 현실적입니다. 그런데 디지속이라면 단번에 세 시간은커녕 한 시간 반만에 읽을 수 있게 되는 것입니다.

이렇게 말하면 디지속은 어쩐지 몸에 습득하기 어려운 속독방법과 같을 것으로 생각하는 사람이 있을지도 모릅니다. 그러나 지금까지 말해온 것처럼 결코 그렇지는 않습니다.

디지속은 보통 사람이라면 누구나 간단하게 할 수 있습니다. 이것을 위한 수고라면 디지속 레코더를 사용해 PC에 교과서를 스스로 녹음하는 것뿐입니다. 현재에도 카세트 테이프나 CD를 공부에 이용하고 있는 사람이 많지만 대부분의 사람은 그것을 통상의 스피드로 재생해 몇 번이나 반복해 듣는 방법으로 교과서 등을 암기하고 있습니다.

물론 통상의 스피드로 스스로 녹음한 것을 반복해 듣는 것도 암기에는 매우 도움이 될 것입니다. 특히 시판되고 있는 기성품의 학습 교재의 테이프나 CD보다 스스로 녹음한 것을 사용하는 편이 기억에는 훨씬 도움이 됩니다.

그것은 녹음된 자신의 목소리는 보통 자신이 듣고 있는 자기의 목소리와는 크게 달라 그 차이가 청각을 자극하기 때문입니다. 또한 디지속 레코더에 교과서 등을 녹음할 때는 자신의 몸에 익힌 리듬으로 읽으므로 그것을 재생했을 때에도 자신이 익숙해진 리듬으로 순조롭게 들을 수가 있어서 집중력이 높아지기 때문입니다.

그 내용을 배속으로 재생하면 집중력이 한층 더 향상됩니다.

EBSi 수능강좌를 활용하자

현재 대학입시의 수능시험에서 90% 이상이 EBS 수능강좌에서 나오는 것으로 되어 있습니다. 참 편리하게 되어 있습니다. 사교육비의 증가를 막기 위해 마련된 EBS 수능강좌는 지상파 TV, 위성 TV, 인터넷, 라디오 등을 통해서 최고의 교육이 무상으로 제공되고 있습니다.

학교 교과서가 국정으로 되어 있어서 한 가지밖에 없는데다가 그것을 토대로 한 EBS수능강좌에서 수능시험이 출제된다는 것은 교과서가 국선으로 몇 권이나 있고 게다가 그러한 e-learning 시스템이 없는 일본의 학생들이 보면 참 부러울 것입니다만 그렇다고 해서 수능을 치러야 할 학생들에게 있어서 수능의 부담이 덜어지는 것은 아닙니다.

사실 수능을 앞둔 수험생들의 부담은 엄청난 것입니다. 그 부담을 디지속이 덜어줄 것입니다. 인터넷의 EBS 수능강좌는 EBSi (www.ebsi.co.kr)에서 제공되고 있습니다. 한 강좌당 50분 정도의 동영상은 대략 100메가 정도의 파일로 다운로드할 수 있게 되어 있습니다. 이 EBSi의 수능대책 강좌 동영상 데이터는 음성만을 다운로드 할 수도 있게 되어 있습니다. 음성 데이터는 mp3 파일로 저장되고 대략 20메가 정도가 되는데 이는 mp3플레이어 등에 담아서 휴대 청취할 수 있도록 서비스 되고 있는 것입니다. 동영상 데이터의 경우도 PC소프트를 이용해서 그 속에서 음성 데이터를 추출하는 것도 가능합니다. 이 수능대책 강좌 음성 데이터를 이용해서 디지속 데이터로 만들어 수능을 대비하자는 것입니다.

집에서 학습할 때는 음성 데이터를 그대로 이용하고, 휴대할 때는 본인이 좋아하는 배속으로 변환시킨 데이터를 mp3 플레이어 등에 담아서 청취하면 됩니다. 배속으로 한 만큼 데이터의 양도 감량할 수 있습니다. 전국 최고 수준의 수능 강사들에 의한 수능대책 강좌들입니다. 이제 디지속으로 그 데이터를 활용해서 모든 수험생들이 희망하는 대학에 들어갈 수 있게 되길 바랍니다.

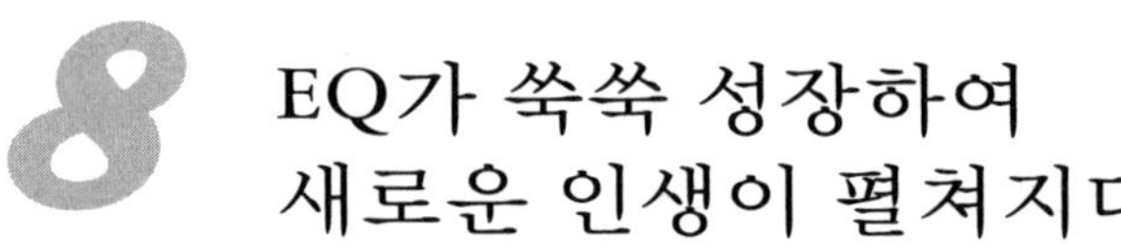

EQ가 쑥쑥 성장하여 새로운 인생이 펼쳐지다

우울증이 낳아 삶이 유쾌하게

30대의 주부로부터 디지속 이용 후에 다음과 같은 변화가 있었다는 편지를 받았습니다.

'자세히 설명할 수 없습니다만 몸 안쪽으로부터 강력함, 신뢰감, 두근두근 하는 기분이 우러나기 시작했습니다. 이전보다 감각이 예민해진 것 같기도 합니다. 아이들이나 친구, 남편이나 부모님에 대해서, 혹은 들판의 꽃, 길가의 민들레가 사랑스럽게 느껴지기도 합니다. 이대로 모두를 사랑하는 제가 되고 싶습니

다. 디지속을 시작한 후, 음악을 듣는 것이 매우 즐겁게 되었습
니다. 이제 음악 없이는 살아갈 수 없습니다.'

이 감상을 디지속 이론으로 설명하면, 뇌 안의 장벽이 서서히
무너져 가는 것에 의해 잠재의식(사랑, 지성, 행동력)이 현재 의식에
반영되어 가는 것으로 생각됩니다.

또한, 디지속의 1단계 40일간의 프로그램을 종료한 회원이 다음
과 같은 감상문을 보내 주셨습니다.

'매우 흡족하게 사용하고 있습니다. 몇 가지 효과가 실제로
나타나고 있습니다. 어쩐지 매우 신기합니다. 저 자신은 "설명
이 되지 않는 것은 믿지 않는다"는 타입의 인간입니다만, 제
자신이 실제로 체험하고 느끼고 있으므로 신기한 것도 다 있구
나라고 생각하게 되었습니다.

일시적인 효과로는,
• 오후가 피곤할 때 들으면 컨디션이 좋아진다.

조금씩입니다만 확실히 나타나고 있는 효과로는,
• 왠지 모르게 인생이 유쾌하게 느껴진다.
• 말이 매우 자연스럽게 나온다(이전에는 이렇게 빨리 말할
  수 없었습니다).
• 문장을 쓰는 것도 편하게 된 것 같다.
• 하루에 몇 번이나 '역시 인생은 즐겨야 하고, 찬스도 많다'

고 느낀다.

- PC에 의한 안정피로(眼睛疲勞)나 탈진감(脫力感)이 경감되고 있다.
- 성격적으로 여유가 생겨서 초조하거나 두려워하지 않게 되었다.
- 머리가 칼날처럼 명쾌해진 것 같다.
- 물건의 이름을 기억하는 것이 즐겁게 느낄 때가 있다.
- 수면 시간이 적어도 그 나름대로 하루를 지낼 수 있게 되었다.

12분의 A코스를 듣고 있어서 당초 1주일마다 교재를 듣고 있었습니다(듣기 시작한 것은 1월 12일입니다). 어딘지 모르게 변화를 실감할 수 있던 것은 1월 25일경부터입니다. 그 전날은 감기에 걸려 열이 38도까지 올라갔습니다.

열이 내리자 왠지 모르게 컨디션이 좋다고 느껴지면서 "어머, 어쩐지 이전보다 상태가 좋아진 것 같다"고 생각했습니다. 예를 들면 문장을 쓰는 것도 별로 힘들지 않고 술술 풀리는 효과가 나온 것도 이때쯤입니다.

2월 초부터는 아침부터 듣기로 했습니다. 그러자 변화의 속도가 빨라진 것처럼 느껴졌습니다. 디지속을 하고 있을 때는 이상한 표현입니다만 "어릴 적의 희미한 현실감을 추가체험하고 있는" 것과 같은 느낌이 듭니다.

나 자신의 상태가 바뀌게 되면서 지금까지의 기력이 없던 나를 되돌아보게 되고 "사람이라는 것은 같은 얼굴을 하고

있어도, 개인의 상태는 전혀 다르구나"라는 생각이 들었습니다.
예전엔 "인생은 길고 힘들고 왠지 모르게 지루하다"고 생각하
고 있었습니다만 "인생엔 아직 남아있는 찬스가 많고 실컷
즐기고 싶다"고 생각하게 되었습니다.

결국 아무리 위대한 사람의 이야기를 듣거나 책을 읽어도
"인생에 대해서 그 사람과 똑같이 느끼고" 있지 않으면 아무런
현실감을 얻을 수 없는 데 비해 오히려 디지속과 같은 조금
뜻밖의 방법이 사람의 인생을 바꿀 수 있는 실제적인 방법이
될지도 모른다는 생각이 들었습니다.

그리고 그냥 속음을 듣기만 하면 된다는 것도 좋습니다.
이전에 집중력을 높이려고 "촛불을 보는 훈련"을 했습니다만
매번 귀찮은 일인 데다가 전혀 효과가 없을 것 같아서 1주일

정도 하다가 그만둔 경험이 있습니다.'

이 체험에서 알 수 있는 현저한 변화는 디지속에서 가장 강조하는 EQ(마음의 지능지수)가 향상하고 있다는 점입니다. EQ만 올라가면 IQ는 자연스럽게 향상됩니다. 처음부터 IQ의 향상만을 추구하면 오히려 IQ도 향상되지 않습니다. IQ의 용도를 높이는 EQ가 높아지면, IQ는 자동적으로 향상되는 것입니다.

디지속으로 천직을 만난 사람

이번에는 40일간을 세 번의 단계를 거쳐 120일간을 훌륭하게 끝마친 어느 부인의 체험담을 소개하겠습니다. 처음 만났을 때에는 두통 때문에 고생하고 계셨습니다만 디지속 라이프를 시작하고 나서 1주일 만에 그 두통도 없어졌다고 합니다.

그리고 기초편에서 제가 추천하는 슈퍼 스테레오를 도입하셔서 속음청 20%, 좋은 음악 80%를 실천하고 계십니다. 역시 속음청만 할 때보다 효과는 세 배 이상 달라지는 것 같습니다. 이 분 외에도, 속음청 20% + 좋은 음악 80%의 디지속 라이프를 통해서 효과가 크게 달라졌다고 하는 분들이 많습니다. 인간은 원래 24시간 좋은 소리와 함께 생활하도록 만들어져 있다고 생각합니다.

특히 기쁜 것은 응용편을 들으면서 스스로의 천직(天職)을 만났다고 하는 것입니다. 이 토털 라이프 모델에서는 뇌력이 개발될 뿐만 아니라 개발된 뇌력을 기반으로 당신의 천직에 열중해서 글로벌한 성공을 거두시길 기원하고 있습니다. 이 분의 경우, 그 흐름에 따른 최상의 효과가 나왔던 것입니다.

스테레오로 아침부터 밤까지, 새소리나 시냇물 소리를 듣고 가끔 음악도 듣고 있습니다. CD '영원의 우주'도 마음에 들었습니다. 고맙습니다. 그런데 디지속을 하고 있으면 자신의 천명을 알게 된다는 말은 들었습니다만 솔직히 말해 처음엔 믿을 수 없었습니다. 그런데 응용편의 13일째에 천명인지 어떤지는 모릅니다만 젊을 때부터 지금까지 흥미를 가진 여러 가지가 실은 하나로 연결되어 있었다는 것을 깨달았습니다(기초편이 끝날 때까지는, 눈치 채지 못하고, 조금 늦었습니다만……).

카운셀링 공부를 한 후 각종 요법의 공부를 몇 가지 더하고 싶다고 생각했습니다. 상담은 제 능력 밖이라고 생각해 왔기 때문에 자신감도 없었고 직업으로서는 생각조차 하지 못하고 있었습니다만 다만 좋아하기 때문에 공부해 보고 싶었습니다. 그리고 지금까지 상담을 잘하는 몇 사람을 보고 매우 인상에 남아 있었는데 문득 나 자신도 그 사람들처럼 되고 싶어 한다는 것을 깨달았습니다.

또한 내가 정말로 하고 싶은 것이 바로 눈앞에 있었는데 지금까지 눈치채지 못했던 것입니다. 앞으로도 디지속을 계속해서 더욱 노력해 나가겠습니다.

큰 의미가 있는 귀의 위치

머리에 붙어 있는 귀의 위치라는 것이 눈, 코, 입과 달리 이상한 느낌을 줍니다. 또 귀는 소리를 듣는다는 목적과 함께 삼반규관이라고 하는 기관이 있어 평형(平衡) 감각을 맡는 역할도 하고 있습니다. 왜 그 기능이 귀에 있는 것일까요?

귀는 머리라고 하는 구체의 중심이 되는 위치에 두 개 붙어 있습니다. 이것에 비해서 눈, 코, 입은 전후좌우 네 방향성 중 전면에만 붙어 있습니다.

즉, 귀는 구형의 머리가 우주의 어느 위치에 존재하고 있을까를 인식할 수 있도록 장착되어 있다고 말할 수 있습니다. 알기 쉽게 말해서 태양계를 생각하면 우주를 만드신 신이 태양이고 자신은 지구로 가정하면 지구인 자신은 태양계라고 하는 하나의 고리를 만들어내기 위해서 태양의 주위를 공전 운동하고 있습니다.

귀는 자신이라는 우주에 있어서 공전 운동의 위치를 인식하는 기관이라고 생각할 수 있습니다. 그리고 인간에게 있어서의 공전 운동이라는 것은 우주에 있어서의 자신의 천명, 천직이라고 생각할 수 있지 않을까요?

그렇게 생각하면 불교에도 관음(觀音)님이라고 하는 보살이 존재하듯이 '소리'라는 말이 '마음', '생명'과 같은 차원으로 사용되고 있는 것도 납득이 갑니다. 즉, 귀가 좋아지고 감성이 풍부하게 닦여지면 본인의 우주에서의 사명을 느끼게 된다는 것입니다.

또 소리는 360도 어느 방위(方位)로부터도 들려옵니다. 그리고 들리는 범위가 정해져 있습니다. 만약 눈으로 보이는 데까지의 범위 안의 모든 소리가 들린다면 그야말로 시끄러워서 참을 수 없을 것입니다. 소리는 마음을 통하게 할 수 있는 범위 내에서만 들리게 되어 있습니다.

이러한 기능으로서 눈과 귀를 비교하면 눈은 보다 지적으로 판단하기 위한 정보 수집의 도구이고 소리는 사람과 사람, 사람과 물건이 보다 정적인 관계를 맺기 위한 도구라고 생각됩니다.

이것은 일을 할 때는 360도의 주변 사람들의 소리(즉, 의견)를 잘 듣고 작은 소리에도, 혹은 자신의 뒤로부터 들려오는 소리(의견)에도 귀를 기울여 자신의 생각이 결정되면 눈으로 정확하게 가야 할 목표를 응시하며 전진하라는 의미가 아닐까요.

송과체(松果體)를 치료하는 디지속

잠재 의식과 현재 의식, 또 우뇌와 좌뇌라고 하는 천지 좌우뇌의 중심에 '송과체(松果體)'라는 것이 있습니다. 이것은 맹장과 같아 퇴화한 것이라고 여겨지고 있었습니다만 최근 들어 매우 중요한 뇌의 일부라고 생각되기 시작했습니다.

송과체는 대뇌가 발달한 인간의 경우 대뇌에 덮여 눈에 띄지 않는 존재가 되고 있습니다만 조류나 파충류 등에서는 두정부(頭頂

部)에 위치하여 '두정안(頭頂眼)' 혹은 '제3의 눈'이라고도 불리우며 빛을 수용해서 체내시계를 다스리는 역할을 하고 있습니다.

지구를 반 바퀴 도는 철새의 정확한 비행에 체내시계가 중요한 역할을 하는 것은 잘 알려져 있습니다. 주야의 빛을 감지하고 대우주의 리듬을 타서 체내시계를 만들어내 목적지를 향해 비상하는 새의 나침반이라고도 말할 수 있는 역할을 하는 기관인 것입니다.

인간에게도 송과체는 '멜라토닌'이라는 호르몬을 만들어내는 기관으로 수면에 관여하는 것으로 알려져 불면증의 사람들에게 멜라토닌 붐을 일으킨 적도 있습니다.

인간의 송과체는 긴 진화의 과정을 거치는 동안 대뇌에 덮어 가려져서 직접 빛을 느끼는 것은 없어졌습니다만 원래는 머리의 가장 위에 있어 하늘을 보기 위한 '두정안'으로서 존재했었습니다. 그리고 송과체는 지금도 우리의 뇌 내부에서 태고의 시대와 변함없이 24시간의 리듬을 계속 새기고 있습니다.

기공(氣功) 등의 '기(氣)'의 세계에서 최근 주목 받고 있는 것이 송과체가 기의 발생과 중요한 관계가 있다는 것입니다. 송과체가 가지는 기의 기능이 쇠약해진 사람이 대부분입니다만 이 송과체가 정상적으로 되면 될수록 영적인 감성도 향상하여 '기'도 조종할 수 있게 된다는 것입니다.

디지속에는 뇌세포를 늘리는 효과도 있습니다만 주로 고주파의 소리에 의해 이 송과체를 치료하는 작용도 있습니다.

또 디지속 효과가 좀처럼 나오기 어려운 사람에게는 '태아음(胎

兒音)모드'로 물결의 소리 등을 하루 7분 내지 21분 틀어주면, 좋은 결과가 나온다는 데이터도 있습니다. 이것은 태아음이 송과체를 효과적으로 치료해 주기 때문입니다. 송과체가 치유되어 정상적으로 되면 귀 본래의 역할인 우주에 있어서의 자신의 위치를 알아내어 이루어야 할 역할을 완수할 수 있게 될 것입니다.

송과체는 뇌하수체(腦下垂體)와 연결되어 있어서 송과체가 정상적으로 기능하기 시작하면 뇌하수체에도 파급효과가 발생, 정상적으로 기능하게 됩니다. 송과체와 뇌하수체는 사람이라는 우주에서의 공전 운동과 자전 운동의 관계에 있습니다. 송과체라는 네비게이션을 통해 인간은 우주에 존재하는 자기자신을 발견할 수 있는 것입니다.

# 가족이 함께 뇌력 향상되는 '디지속 라이프'

디지속으로 토털 라이프를 풍요롭게

프롤로그에서 이야기한 것처럼 제가 디지속을 널리 보급하고 싶은 것은 단순한 암기나 학습법의 효율 때문이 아닙니다. 디지속이 IQ(지능지수)를 높이는 것은 사실입니다만 그 이상으로 마음에게 주는 영향 즉 EQ(마음의 지능지수)의 향상이 현저하기 때문입니다.

그로부터 생활 전반 즉, 인생을 보다 풍요롭게 하는 디지속의 활용법이 나옵니다. 이렇듯 생활 속에서 디지속을 활용하는 것을 '디지속 문화'라고 하며 이 디지속 문화의 추진이 저의 목적이 되는 것입니다.

디지속 문화라는 것은 디지털의 최신 기술을 사용해 가능한 한 아날로그의 살아있는 자연의 소리를 생활 속에 끌어오는 기술 전반의 활용을 말합니다. 그것을 토대로서 IQ, EQ 쌍방의 뇌력을 전개(全開)상태로 개발해 나갑니다. 장기적인 고속 학습을 통하여 결과적으로는 생활 그 자체를 바꿔버립니다. 디지속이 지금까지의 뇌력개발 상품과 다른 것은 '마음의 감성은 소리의 품질, 즉 소리에 담겨진 마음에 의해 자란다'고 하는 기초 원리에 입각해서 생활에 밀착한 소리의 품질을 올리면서 평생에 걸친 뇌력전개를 목표로 하고 있다는 점입니다.

유아기부터 고령에 이르기까지 뇌를 건강하게 유지하는 데 도움이 됩니다. 또한 가족 전원이 이용할 수 있는 것도 큰 장점입니다. 미취학 아동에게는 유아교육, 학생에게는 평상시의 공부나 어학습 등, 성인에게는 자격취득이나 뇌력개발, 그리고 고령자에게는 치매방지 등 이처럼 가족 전원이 평생을 통해서 효과적으로 이용할 수 있는 시스템입니다.

PC는 필수 아이템

프롤로그에서도 말했습니다만 '디지속'을 하기 위해서는 PC가 필요합니다. 구체적으로는 4배속 속음청의 경우는 350MHz 이상, 10배속 속음청의 경우는 500MHz 이상의 CPU를 장착한 Windows

용 PC가 필요합니다.

다만 통상의 경우 4배속까지 움직이면 문제는 없습니다. 120일 간 학습의 경우에는 4배속까지를 이용합니다. 성장기 자녀의 경우 4배속으로는 부족하다는 이야기가 있어서 10배속까지 속음화할 수 있게 되어 있습니다.

디지털 속음청에서는 '응용편'까지 마치면 스스로 컨텐츠를 녹음할 수가 있습니다. 자신의 꿈, 좌우명 등을 녹음해 그것을 속음청으로 들을 수 있습니다. 자녀용으로는 부모의 소리로 동화나 이야기 등을 녹음할 수 있고 입시생은 스스로 교과서 등을 녹음하여 이용할 수 있습니다.

디지속을 자유자재로 사용하기 위한 도구가 '디지속 레코더'입니다. 이것도 디지속의 '토탈 라이프 모델'에 첨부되고 있습니다.

속음의 효과를 3배 올리는 극비 방법

디지털 속음청의 효과를 보다 효율적으로 발휘하기 위해서는 속음과 함께 자연음을 중심으로 다양한 음악을 듣는 것이 중요합니다. 물론 대자연 속에서 살아있는 자연음을 듣는 것이 최고입니다만 도시에 살고 있는 사람에겐 불가능한 일이라서 가능한 한 좋은 음향 시스템으로 자연에 보다 가까운 음을 듣게 합니다. 현실적으로는 음악을 듣는 것이 되겠지요.

그리고 그 비율은 속음 20%에 대해서 음악 80%의 비율 정도가 좋습니다. 왜 20대 80의 비율인가 하면 '20-80%의 법칙'이라고 하는 것이 있기 때문입니다.

이것은 예를 들면, 어느 한 단체 안에서는 20%의 사람이 80%의 일을 하고 있어서 나머지 80%의 사람이 나머지 20%의 일을 하고 있다는 일반적인 사회 법칙입니다. 그럼 80%의 사람은 쓸데없는가 하면 그렇지 않습니다. 20%의 사람이 80%의 일을 해내기 위해 필요 불가결한 것이라고 말합니다.

또한 어떠한 작업이나 인생에 있어서도 어려운 문제가 산적해 있다고 생각되어도 문제점을 리스트업 해보면 최초의 20%의 항목을 해결하면 전체의 80%의 문제를 해결하는 셈이 된다는 것입니다.

이와 같이 다양한 케이스로 '20-80%의 법칙'이 작용하고 있습니다. 디지속도 이 법칙에 맞추어 전체를 100%로 해서 속음을 20%로 한다면 그것을 효과적으로 활용하기 위해서 80% 정도의 빈 시간에 다양한 음악을 좋은 음향 시스템으로 듣는 것을 추천하고 싶습니다.

저의 경험에 의하면 그렇게 함으로써 3배 정도 효과가 나옵니다. 디지속 세트에 첨부되어 있는 위안 각성의 음악 CD는 그러한 효과를 내는 것 중 하나입니다.

그런데 자연음을 들으면 뇌가 활성화 한다고 하면 '그렇다면 자연 속에서 살고 있는 사람은 모두 우수하단 말인가?' 하는 의문이 생길 것입니다. 그러나 자연음만으로는 뇌력을 향상시킨다고 하는 의미에서는 충분하지 않습니다. 그래서 20%의 언어 속음이 필요합니다.

인간은 언어와 수리에 의해 형성되고 있다고 합니다. 다양한 말을 어느 수리성에 따라 듣느냐에 의해 뇌력이 형성되어 갑니다. 성경의 요한복음에는 제1장에 '태초에 말씀이 계시니라. 이 말씀이 하나님과 함께 계셨으니 이 말씀은 곧 하나님이시라. 만물이 그로 말미암아 지은 바 되었으니 지은 것이 하나도 그가 없이는 된 것이 없느니라'고 쓰여져 있습니다.

또 지동설을 주창해 종교재판에 걸리면서도 진실을 주장한 갈릴레오 갈릴레이(Galileo Galilei)는 저서 『위금감식관(贋金鑑識官)』에서 '철학은 우주라고 하는 이 장대한 서적 안에 쓰여져 있다. 이 서적은 언제나 우리의 눈앞에 열리고 있다. 그러나 우선 그 말을 배워 그것이 쓰여 있는 문자를 읽을 수 있게 되지 않으면 이 서적을 이해할 수가 없다'고 말하고 있습니다.

지금까지 인류의 지적 유산을 형성해 온 다양한 지혜(그리고 사랑, 행동력)를 디지속으로 들음으로써 뇌력이 풍요롭게 성장해 나갑니다.

또한 디지속을 지속시키는 방법도 있습니다. 그것은 속음을 하나의 음악으로 들어 '소리'를 즐기는 것입니다. "소리를 즐긴다" 즉, 그것이 음악(音樂) 본래의 뜻입니다. 음악을 즐기는데 그 일부로서 속음이 있는 것이며 머리도 좋아지는 것이 지속적인 디지속의 방법입니다.

당연히 즐겁지 않으면 디지속이 생활의 일부가 되는 것도 어려울 것입니다. 게다가 즐겁게 되는 것이 뇌력개발의 제일의 비결인 것입니다. 인생의 다양한 장면에서 생활의 일부로 즐겁게 사용하여 평생에 걸쳐서 좋은 파트너가 될 수 있는 것, 그것이 디지속입니다.

미니 자연계와 생활하여
평생 뇌력 개발 실현

더욱 디지속 효과를 올리는 방법도 있습니다. 자연으로부터 격리되어 풍부한 감성을 잃어버린 우리는 나날의 생활 속에서 가능한 한 자연계를 되찾는 일이 중요합니다. 본래라면 대자연에 둘러싸여 생활하는 것이 최고입니다만 도시에서는 그렇게는 못합니다. 따라서 자연계를 흉내낸 거짓의 의사(擬似) 자연계가 아닌 "진짜의 자연계를 축소한" 미니 자연계를 생활 속에 만드는 일을 추천하고 싶습니다.

이 미니 자연계의 효과는,

(1) 나날의 생활을 통해 우주(자연, 신)의 위대한 자연계를 미니 자연계로 축소하여 들여다볼 수 있다.

(2) 미니 자연계의 성장을 직접 보면서 자신의 성장 에너지를 얻을 수 있는 격려가 된다.

(3) 미니 자연계가 지구 자궁의 미니판인 홈 자궁과 같은 역할을 다하여 가족을 따뜻하게 키워주는 공간이 된다.

(4) 자연계가 가지는 영구성, 조화성, 생명력을 날마다 받을 수 있다.

(5) 자연의 법칙을 체감하여 무한한 창조력(아이디어)이 솟아 나온다.

미니 자연계란 구체적으로는 관엽식물을 기르거나 작은 새를 기르는 것(산의 재현), 열대어를 기르는 것(강의 재현), 해수어를 기르는 것(바다의 재현) 등을 들 수 있습니다.

참고로 제가 해수어를 기르기 시작했을 때의 체험담을 소개하겠습니다. 저는 담수어보다 해수어에게 더욱 마음이 끌렸습니다. 이유를 생각해 보면 해수어를 기른다는 것이 '생명 탄생의 섭리'와 눈에 보이지 않게 연결되고 있기 때문이 아닐까 생각했습니다. 집에서 46억 년의 생명 탄생을 체험하고 있는 느낌이리고나 할까요.

아무튼 해수어를 기르던 저는 물고기의 지느러미도 7수와 관계가 있는 것을 발견했습니다. 물고기는 수직을 유지하기 위해서 상하 및 꼬리에 세 개(하늘의 수를 나타내는 3수)의 지느러미가 있고 전진, 좌우, 상하 이동을 실시하기 위해서 물고기 전방 중앙의 두 개, 하부에 두 개의 지느러미가 있습니다. 즉, 횡적인 행동을 위해서 4수의 지느러미가 있는 것입니다. 합치면 7수가 됩니다. 문절망둑의 지느러미도 우주의 수리성으로 되어 있는 것을 발견하곤 감동했습니다.

미니 자연계를 보면서 여러 가지 궁리를 할 수 있습니다. 디지속 라이프는 자연에서 격리되어 감성을 잃어버린 생활 스타일을 가능한 한 되찾기 위한 생활 라이프입니다. 단지 자연을 되찾는 것만으로는 뇌 안의 장벽을 무너뜨리지 못하기 때문에 20%의 속음청은 반드시 필요합니다. 20%의 속음청+80%의 좋은 음악+미니 자연계의 보다 자연스러운 방법으로 나타나는 디지속 효과는 상상을 초월하는 결과를 낳습니다.

디지속 문화라는 것은 디지털의 최신 기술을 사용해 가능한 한 아날로그의 살아있는 자연의 소리(좀더 넓게 말하면 자연 그 자체)를 생활 속에 끌어들이는 기술 전반을 말합니다. 그것을 토대로서 뇌력을 전개해 나가는 기술입니다. 결과적으로는 평생에 걸친 뇌력개발이 실현되어 엄청난 효과의 고속학습이 가능해집니다.

디지속 라이프는 하루가 다르게 성장을 실감할 수 있어서 즐겁습니다. 미니 지구 자궁과 같은 공간이 집에 만들어지면 아이들도 그 공간 안에서 스스로 무엇인가를 발견하면서 무럭무럭 성장해 갑니다. 마음을 기르는 풍부한 고주파가 포함되어 있는 소리가 언제나 흐르고 있는 공간 속에서 자라난 아이는 스스로 무엇인가를 하고 싶어하는 의욕적인 행동을 일으킵니다. 부부의 사랑도 가족의 사랑도 깊어지고 노인의 노화 방지에도 연결되어 활기차게 살아갈 수 있습니다.

꼭, 여러분도 그 공간을 만들어주시기 바랍니다. 그 공간이 여러분을 글로벌한 성공으로 이끌어주리라는 것을 확신합니다.

☜ 후기

이 책을 완성하는 데 있어 이 책을 제안해주신 ㈜코스모 투원의 스기야마 타카시(杉山隆) 사장님께 진심으로 감사의 말씀을 드립니다.

또한 "인간은 소리에 의해 변혁할 수 있는 것은 아닌가"라는 착상의 계기가 되는 최초의 훌륭한 소리의 체감을 하게 해주신 에히메켄(愛媛縣) 호쿠신학원(北進學院) 원장인 이카와(伊川茂樹) 씨, 그리고 이 기술에 대해서 깊은 사색 끝에 '디지속'이라고 명명해주신 ㈜마츠시타(松下)의 마츠시타 사부로(松下三郎) 사장님께도 진심으로 깊게 답례 말씀 드립니다.

다시 생각하면 처음으로 뇌력개발이라고 하는 테마에 대해 충격을 받은 것은 제가 20세 되던 때였습니다. 불경기로 NEC의 입사식이 1개월 정도 늦어져 시간적 여유가 생긴 덕분에 매일 많은 책을 사서 읽었는데 그 안에 와타나베(渡辺孝彰) 씨의 『기억술』이라는 책이 있었습니다.

중학생 시절부터 대학에 들어가기 전까지, 특히 고등학생 시절에는 3일에 한 개의 볼펜이 닳아 없어질 정도로 한밤중까지 종이에 쓰고 또 써서 암기하는 방식으로 공부를 했었습니다. 의미불명의 명칭 등도 무미건조하게 외웠습니다. 만약 제가 중학교 때 이 책에 쓰여져 있는 기억방법을 알았더라면 인생의 중요한 시절을 헛되게 보내지 않았을 텐데라는 생각에 몹시 쇼크를 받았습니다.

그 이후 기억, 속독, 뇌력개발, 성공철학의 책들을 다수 읽게 되었습니다. 어학 학습도 NEC에 입사한 이후 다양한 어학연수에 참가하는 한편, 시판중인 여러 가지 어학 교재나 학습 시스템 등도 경험해 왔습니다. 입사와 동시에 영자신문을 구독하기도 했습니다. 그러한 자세를 상사에게 인정받아 23세 때 어느 프로젝트의 리더로서 프랑스에 파견도 되었습니다.

NEC에는 약 6년간 신세를 진 후, 다음에 들어간 벤처기업에서 나 자신의 뇌력 한계에 도전할 기회를 얻었습니다. 상사로부터 너무 힘든, 도저히 저의 힘으로는 무리라고 생각하는 개발 테마가 주어졌습니다.

'이제는 안 된다……'라고 몇 번 생각했는지 모릅니다. 개발의 압력에 완전히 지쳐 버린 나머지 저는 어느 날 현장으로부터 도망쳐 3일동안 행방을 감추어 버렸습니다.

3일째 되는 날 아침, 창 밖의 경치를 바라본 저는 초자연으로부터의 소리를 들은 것 같았습니다.

"너의 몸에는 자연의 신비가 파도치고 있다. 자연은 하늘이나 바다, 사람이나 동물을 낳았다. 그러니까 너에게도 선천적으로 '무로부터 유를 낳는 힘'이 갖춰져 있다. 그러니까 아무것도 걱정할 것은 없다. 그 뇌력을 알아차리는 것만으로 너는 뭐든지 창조할 수 있도록 만들어지고 있다."

그것이 계기가 되어 저는 개발에 대한 두려움이 없어졌고 자기 자신 외에서 해결책을 찾는 것을 그만두고 자신의 내부를 깊게 응시하게 되었습니다. 그리고 이제 이 세상에 존재하지 않는 것 같은 완전히 무로부터 유를 낳는 창조에 대해서도 일절의 주저함 없이 내 자신은 뭐든지 창조할 수 있도록 만들어지고 있다고 자연스럽게 생각하게 되었습니다.

디지속 개발의 근저에는 그러한 초자연(신)과의 만남이 있었습니다. 그때 배울 수 있었던 것은 자연(신)으로부터 주어진 타고난 무한의 뇌력(腦力; 사랑, 지혜, 행동력)을 발휘하는 방법의 개발입니다. 그것이 디지속 개발의 목적이 되었습니다.

디지속의 최종적인 소원은 디지속 라이프를 통해 많은 분에게 무한한 창조성을 습득하게 하여 이 지상에서 세계를 위해 만민을 위해서 글로벌한 성공을 거두시길 바라는 것입니다.

장기적으로 디지속을 활용하시고 즐겨 주시길 바랍니다. 여러분의 글로벌한 성공을 진심으로 기원합니다.

■■■ **참고문헌**

지츠코·스세디크. 1986. 『태아는 모두 천재다』. 쇼덴샤

시마즈 고이찌 편저. 1984 『마피 명언집』. 산노 대학 출판부

시노하라 요시토시. 1998. 『Mozart 요법』. 메거진 하우스

이와사 쿄코. 1998. 『위험!! TV가 유아를 망하게 한다』. 코스모 투 원

타나카 타카아키. 1996. 『청각자극으로 머리의 회전이 놀라울 정도 빨라진
　　　　다』. 키코 서방

■■■ **지은이**

키쿠치 아키오(菊池昭雄)

1955년 일본 에히메(愛媛)현 출생

1975년 국립 니이하마 공업고등 전문학교를 졸업 후, 일본적기 주식회사에 입사. 산업 오토메이션 사업부, 메디컬 시스템 기술부 소속 후, CGR와의 제휴로 프랑스에 도항.

1981년 일본전기 주식회사 퇴사 후, 주식회사 W사에 입사. 연구개발부에 소속하여 펜 컴퓨터의 개발에 종사. 그 후 DOS/V의 펜 컴퓨터를 일본에서 최초로 상품화.

1994년 글로벌 패밀리 정보 넷을 설립. 일본 시코쿠(四國)지방에서 처음으로 인터넷 엑세스 포인트를 제공한 회사로써 각종 언론에서 취재.

1999년 교육서비스 전문회사로써 글로벌 석세스 주식회사를 설립.

■■■ **옮긴이**

가나이 노부요시(金居修省)

1997년 일본 국립 히로시마(廣島)대학교 철학과 윤리학전공 졸업

1995년 호남대학교 인문과학대학 일본어과 전임강사, 조교수

2002년 호서대학교 디지털문화예술학부 문화기획전공 전임강사

뇌력개발 100% 디지털속음청

ⓒ 가나이 노부요시, 2006

지은이 ｜ 키쿠치 아키오
옮긴이 ｜ 가나이 노부요시
펴낸이 ｜ 김종수
펴낸곳 ｜ 서울출판미디어

편집책임 ｜ 안광은

초판 1쇄 인쇄 ｜ 2006년 2월 15일
초판 1쇄 발행 ｜ 2006년 2월 27일

주소 ｜ 413-832 파주시 교하읍 문발리 507-2(본사)
          121-801 서울시 마포구 공덕동 105-90 서울빌딩 3층(서울 사무소)
전화 ｜ 영업 02-326-0095, 편집 02-336-6183
팩스 ｜ 02-333-7543
홈페이지 ｜ www.hanulbooks.co.kr
등록 ｜ 1980년 3월 13일, 제406-2003-051호

Printed in Korea.
ISBN 89-7308-137-3 13420

* 가격은 겉표지에 표시되어 있습니다.